U0720713

黄石共识

——工业遗产的可持续发展之路

黄石市文物保护中心/编

科学出版社

北京

内 容 简 介

本书包括《黄石共识——关于中国工业遗产保护与利用的倡议书》、黄石矿冶工业遗产保护与利用工作历程回顾、第一、二、三届中国（黄石）工业遗产保护与利用高峰论坛历史回顾、国内外专家学者的学术论文、附录。本书受邀作者为国内外行业权威和领军人物，拥有丰富的理论素养和文化遗产研究经验，论文的精彩论点为黄石工业遗产保护与利用抛出了锦囊妙计，也为黄石矿冶工业遗产申报世界文化遗产提供了路径，打开了思路，期盼本书的出版能对其他城市工业遗产保护和利用实践有所裨益。

本书适合文化遗产，尤其是工业遗产保护与管理等相关领域的专业人员以及高等院校相关专业师生阅读、参考。

图书在版编目（CIP）数据

黄石共识：工业遗产的可持续发展之路 / 黄石市文物保护中心编 . —北京：科学出版社，2023.8
    ISBN 978-7-03-076000-5

Ⅰ . ①黄… Ⅱ . ①黄… Ⅲ . ①矿业 – 文化遗产 – 保护 – 研究 – 黄石 ②冶金工业 – 文化遗产 – 保护 – 研究 – 黄石 Ⅳ . ① TD ② TF

中国国家版本馆 CIP 数据核字（2023）第 128278 号

责任编辑：王光明/责任校对：邹慧卿
责任印制：肖　兴/封面设计：张　放

科 学 出 版 社 出版
北京东黄城根北街16号
邮政编码：100717
http://www.sciencep.com

中国科学院印刷厂 印刷
科学出版社发行　各地新华书店经销

*

2023年8月第 一 版　开本：787×1092　1/16
2023年8月第一次印刷　印张：11 1/4
字数：267 000

定价：128.00 元
（如有印装质量问题，我社负责调换）

《黄石共识——工业遗产的可持续发展之路》

编辑委员会

主　　任　　刘　晨

副 主 任　　夏　鹏

委　　员　　胡雅年　胡新生　柯尊红

主　　编　　夏　鹏

副 主 编　　胡雅年　胡新生

执行副主编　阮　鹏

编　　委　　侯　蓓　李海燕　卢文芳

　　　　　　毛　勇　刘　敏　刘星邑

翻 译 校 对　李嘉妮

序 言

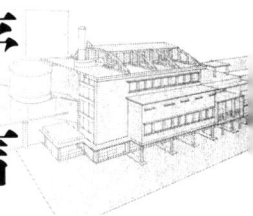

　　2016年第一届中国（黄石）工业遗产保护与利用高峰论坛在湖北黄石举行。论坛提出了新时期工业遗产保护的宣言——《黄石共识——关于中国工业遗产保护与利用的倡议书》，明确了工业遗产保护的意义和内涵、工作路径、工作原则。之后，在2019年、2021年又举办了两届，来自国内工业遗产保护方面的专家学者共商工业遗产保护利用大计，谋划历史文化的传承和提升，贡献了很多研究成果。今天，黄石市文物保护中心将这些专家学者的研究成果汇集成《黄石共识——工业遗产的可持续发展之路》一书，展示了黄石矿冶工业遗产保护利用工作的丰硕成果，也为解决中国工业遗产保护与利用重大理论与实践问题提供参考。

　　中国历史悠久，拥有极为丰厚的文化遗产，黄石工业遗产作为文化遗产的重要组成部分，有3000多年前商周时期的铜绿山古铜矿遗址、1700多年前的大冶铁矿遗址、100多年前的汉冶萍煤铁厂矿联合企业、60多年前的华新水泥厂旧址等系列工业遗产，这些遗产在17平方千米的区域内，集中体现了古代青铜文明和近现代工业文明肇始时期及社会转型时期最高矿冶水平，是世界范围内罕见的。

　　与上海、无锡等城市的工业遗产相比，黄石的工业遗产完整展现了自先秦时期起至近现代黄石地区从未间断的矿冶生产和生活。这种唯一性、连续性和密集性的特点，是其他遗产无可比拟的。这些矿冶生产、生活相关内容，构成了黄石独特的矿冶文化传统。这种传统传递了中华文明延绵不息、强劲发展的历史文化脉络，具有薪火不息和开拓创新精神。黄石矿冶工业遗产的工业发展成就，是黄石地区人们长期共同矿冶活动的物质见证，也是世界矿冶工业发展史上少有的案例，真实完整地记录了时代的变革，并深刻影响了东亚地区的工业进程，具有突出普遍价值，具备申报世界文化遗产的有利条件。

　　工业遗产是工业文明的见证，是工业文化的载体，弘扬和传承工业文化精神，促进老工业城市转型升级已成为广泛的社会共识。黄石抢抓机遇，坚持新发展理念，把工业遗产保护与利用作为推动城市高质量发展的重要内容。通过成立高规格的保护管理机构，推进工业遗产保护利用与申报世界文化遗产工作；编制遗产保护项目相关的各类规划和方案，促进工业遗产保护工作科学化、规范化；健全法律法规，颁布《黄石市工业遗产保护条例》，在很大程度上避免了对工业遗产的破坏行为和不合理利用；实施一系列文物本体修缮项目，探索工业遗产活化利用；举办论坛，发表《黄石共识——关于中国工业遗产保护与利用的倡议书》，不断挖掘工业遗产价值内涵。这些实践为黄石创造了良好环境，改善了人民生活，发挥了工业遗产保护利用的效果，促进了黄石的可持续发展。

历史和现实都充分表明，一个国家、一个民族只有对自身文化理想、文化价值充满信心，对自身文化生命力、创造力充满信心，才能有坚持坚守的定力、奋起奋发的勇气、创新创造的活力。矿冶文化是黄石最大的特色，工业文明是黄石最大的优势，丰富的工业遗产是黄石文化自信的底气，也是城市未来发展的希望。黄石人要坚定文化自信，筑牢文化根源。今天，黄石的工业遗产到了保护利用的关键阶段，要找到最合理利用的方向，以全局的眼光推进申遗工作，将黄石矿冶工业遗产申报世界文化遗产放在重要位置，持之以恒、一以贯之推进落实，不遗余力地讲好"黄石故事"。以创新的理念加强工业遗产保护与利用，推动工业遗产保护规划纳入城市总体发展规划，推进工业遗产沿着文化创意、旅游观光等路径转型，因地制宜地探索体现黄石特色的发展路径和模式，使遗产为人民群众服务，为城市发展服务，成为促进城市经济社会发展的积极力量。

2022 年 5 月 8 日

前言

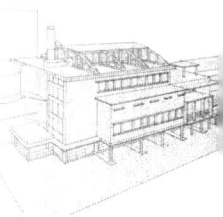

　　本书选用的论文依托"第一、二、三届中国（黄石）工业遗产保护与利用高峰论坛"上各位受邀嘉宾对工业遗产的保护、研究、利用及申报"世界文化遗产"之路从不同角度提出的思考与建议，作者背景丰富多样，既有国内外的专家学者，也有相关政府官员，收录的文章具有开阔的学术视野和较高的理论深度，学术价值非常突出，希望本书的出版对我国的工业遗产保护与利用工作起到一定的参考作用。

　　本书分为四个部分：

　　第一部分为《黄石共识——关于中国工业遗产保护与利用的倡议书》及其要义。

　　第二部分为黄石工业遗产保护利用综述与论坛历史回顾。通过为读者梳理展示黄石工业文明发展的进程和风貌，引领读者了解黄石独具特色的工业遗产资源，从而为更好地保护与利用黄石工业遗产，为黄石文化产业大发展尽一份绵薄之力。

　　第三部分为全书的基石，也是全书的理论板块。我们集中收纳了英国、法国等国外专家学者及国内部分高校和相关机构专家的学术论文。通过对国内外主流的工业遗产界定进行辩证分析，进而结合国际工业遗产保护与利用的先进经验，从立法保护、管理体制、经典模式及参与机制等角度对我国工业遗产工作现状深入分析、评价和构想。同时，对我国今后的工业遗产保护与利用及申报"世界文化遗产"之路提出若干建议思路，重在科学性和可操作性。

　　第四部分为附录。收录《黄石市工业遗产保护条例》、黄石市主要工业遗产点介绍等，以便管中窥豹了解国内外工业遗产相关公约、宣言、条例的具体内容。

　　我们希望本书能调动多方利益相关者参与到工业遗产的保护与利用中，及时妥善地保护并科学合理地利用好工业遗产，形成我国工业遗产保护与利用的一整套思路与方法，真正做到工业遗产保护与经济发展、社会建设相结合，依法保护与科学利用相结合，政府主导与社会参与相结合。

　　本书纯作抛砖引玉之用，仅供相关实践工作参考。最后，衷心感谢本书论文撰稿者的支持与帮助，希望我们的共同努力能够对推动我国工业遗产保护与利用工作有所贡献。囿于编者的水平，本书中的疏漏在所难免，敬请批评指正。

目录

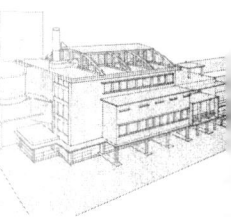

黄石共识
——关于中国工业遗产保护与利用的倡议书

2016年11月14~16日，在丹桂飘香、山清水秀的湖北省黄石市，中国近现代工业遗产保护与利用年度高峰论坛正式开坛。通过对当地工业遗产片区的深入考察和研讨，与会专家、学者一致同意发表《黄石共识》，以期推动中国工业遗产保护与利用进程。

一、工业遗产是一个城市的乡愁，保护利用好工业遗产，就是留住了乡愁，留住了记忆。

1. 工业遗产是人类工业活动的见证，是人类文明智慧的结晶。它的价值存在于建筑物、构件、机器、街区等产业景观中，也存在于人类的记忆和习俗中，我们要像保护家谱一样保护好工业遗产。

2. 随着国有企业改革和城市化进程的推进，中国工业遗产遭受了百年来最为严重的损坏和摧残，一些有价值的工业遗存成建制地消失或毁灭，保护与利用好工业遗产到了刻不容缓的地步。

3. 黄石作为中国近现代民族工业发展的一个缩影，近年来围绕工业遗产保护与利用展开了一系列探索实践，特别是设立黄石工业遗产片区、出台工业遗产保护条例等做法，值得国内相似地区和城市学习和借鉴。

二、工业遗产保护与利用是一个系统工程，必须与当地的经济社会发展相融合。

4. 一个地区和城市的工业遗存往往点多线长，涉及面广，牵一发而动全身，必须把保护与利用工作纳入当地经济社会发展的总体规划，与旧城改造、产业升级、城市转型、历史文化名城创建等结合起来，做到多管齐下，同步推进。

5. 不同地区的工业遗产具有不同的特点，要在深入挖掘文化内涵的基础上，坚持尊重个性、尊重历史，在选择保护与利用模式上，实行一地一策、一处一策，避免简单重复和一个模式。

6. 工业遗产保护与利用，要着眼于解决环境、生态、土地利用等问题，通过保护、修缮和适度改造，置换原有城市功能，实现旧城文化复兴，达到生态效益、社会效益和经济效益相统一，走可持续发展道路。

三、工业遗产保护与利用需要强有力的措施保障，力避人走茶凉、人亡政息的悲剧发生。

7. 要建立健全高位协调机制。成立由政府主要领导牵头挂帅、各相关职能部门参与的组织机构，围绕普查、规划、修缮、保障等关键环节，确定目标，明确任务，落实责任，形成上下联动、齐抓共管的工作机制。

8. 要建立健全工业遗产法律法规体系，围绕普查认定、保护利用、法律责任等，出台相关法规，明确各部门的职责范围，提高全社会的保护意识。

9. 要借助各种现代化传播手段，采取灵活多样的方式，宣传保护工业遗产的重要性和紧迫性，培养民众对工业遗产价值的认同感和归宿感，引导大家自觉投入到工业遗产保护与利用的实际工作中。

回望历史，工业遗产已然成为人类往昔文明的最后一抹余晖，面对岌岌可危的严峻形势，我们一致呼吁，各级党政组织、社会团体和广大民众，一定要站在"保护工业遗产、守住文化根脉"的高度，恪尽职守，敢于担当，积极投身这一富有重大历史意义的伟大实践中。

笃行致远　乘风破浪
书写新时代工业遗产保护与利用新篇章
——黄石矿冶工业遗产保护与利用工作历程回顾

我们常说，历史是城市的根，文化是城市的魂。工业遗产是文化遗产的重要组成部分，具有独特的时代和地域属性。立足当下，回望历史，我们就会发现工业遗产记录了城市、国家和民族工业的发展进程，承载了曾经辉煌的先进技术和国人实业兴国的情怀。它是中华民族优秀历史文化的重要组成部分，体现了人民利用自然的智慧和勇气，是承载工业文明和传承工业精神的重要现实载体。

纵观世界各个工业化强国的发展，工业遗产保护正在成为各国彰显工业化成就的战略举措。我国在长期历史发展中积累了大量具有特色的宝贵工业遗产，它们见证了中国手工业和近现代工业化的过程，谱写了中国人民自力更生、艰苦奋斗的篇章。保护工业遗产，树立中国工业文明的文化标志，让工业遗产讲好中国故事，是中国文化自信的重要内容，也是我们必须承担的历史重任。

在城市转型发展的新形势下，工业遗产的价值实质上已经得到全社会的广泛共识。大量工业遗产被发现和保护，大量工业建筑遗产作为空间资源得到再利用，它们极大地丰富了现代城市中大众新的物质和精神需求。但随着城市建设的加快，工业遗产保护也面临着更严峻的形势，一些有价值但尚未进行界定或未受到重视的工业建筑、遗（旧）址、设备物件等正悄然消失，要避免这种情况的发生，就必须站在世界工业文明发展的高度，呼吁、倡议和引导全社会共同行动，重视工业遗产在全球范围的保护与利用。

在这一点上，我们必须向工业老牌国家学习，如英国、智利、日本等，这些国家均保存着大量完整生产生活内容的遗址，其记录完好性和与现代社会的融入程度令人佩服。这些现象的背后，是公众在历史发展中对不断更新的工业文明的一种认识和态度。2003年，国际工业遗产保护委员会（The International Committee for the

Conservation of the Industrial Heritage，TICCIH）公布了《下塔吉尔宪章》，对工业遗产的价值界定、研究以及保护措施等做了明确规定，希望借此促进国际对工业遗产的价值及其保护形成共识。宪章也成为近二十年来国际工业遗产保护领域的纲领性文件。

虽然我国工业遗产保护与利用研究和实践起步稍晚，但可喜的是，一些地方政府和机构，在大力推进地方经济社会发展的同时，也很重视工业遗产的保护与利用，并取得了令人称道的成绩。2006年，我国第一个关于工业遗产保护的文件《无锡建议》在国家文物局的倡导下正式颁布；同年，国家文物局下发了《关于加强工业遗产保护的通知》，正式提出"工业遗产保护是我国文化遗产保护事业中具有重要性和紧迫性的新课题"，将我国工业遗产的保护与利用问题提上议程。近几年来，有关部门和机构也在不断提升和强化工业遗产的地位，如工业和信息化部推出《国家工业遗产名单》，中国科协创新战略研究院和中国城市规划学会推出《中国工业遗产保护名录》。这两项排名在梳理现存重大工业遗产的同时，也在警醒和呼吁社会对工业遗产的重视和关注。显然，对于中国这个现代工业快速发展的国家而言，工业遗产的价值已经被领导机构和专家学者注意到，并希望得到同其他文化遗产一样的待遇和地位。

长江之滨的湖北黄石，自古以来就是我国重要的金属和非金属矿产采冶之地。拥有20多万年的人类生活史、3000多年的开发史、100多年的开放史。作为中国诸多矿产文化的发祥地之一，矿冶文化是这座城市无法磨灭的"基因"，从而诞生了众多的工业遗产。在黄石1410处不可移动文物中，有147处与矿冶生产或矿冶工业相关。从商周时期铜绿山古铜矿的开采利用，到近代铁矿、金矿、银矿等金属矿以及水泥、煤炭、石灰等非金属矿的采冶加工，再到新中国时期黄石一直坚守在"工业粮仓"阵地上源源不断地向国家输送矿冶资源。数千年的矿冶生产活动，使这里的工业遗产已然渗透到街道、社区等城市肌理里，所形成的独特思想和人文禀赋伴随长江之水延绵不绝。

我们对比过其他同类的工业底蕴城市，与上海、无锡、苏州、景德镇等城市相比，黄石近现代工业遗产的开创时间并非最早，数量也并非最多，但黄石工业遗产从古代到近现代工业遗产的全面延续和完好性，在世界工业原产地的重要历史价值，在全国工业部门的代表性地位等方面，却是国内其他城市无可比拟的。

比如，黄石矿冶工业遗产数量大、分布广、类型多，既有金属矿产采冶遗址，如金、银、铜、铁等，也有非金属矿产采冶遗址，如石灰、水泥、煤炭等；既有生产性设施、设备、建筑，也有相关配套的附属生活设施；既有工业建筑，也保存了不同时期的工业设施设备；既有点状的工业遗存，也有成片的工业遗址区。这当中还有诸多个中国工业第一称号：汉冶萍煤铁厂矿旧址是中国最早的、规模最大的钢铁煤联合企业所在地；华新水泥厂旧址是中国近代最早开办的水泥厂之一，是中国现存生产时间最长、保存最完整的水泥工业遗存；大冶铁矿东露天采场旧址是中国近代史上第一座采用机械化开采的大型露天矿山，亚洲最大人工铁矿采场，世界第一高陡边坡；黄石境内还有中国第一条铁矿运输专线铁路，第一条翻越高山的架空索道，有亚洲第一条铁路与内河联运的铁矿运输专线……可以这么说，黄石矿冶工业文化的兴衰，与中华工业文明的发展是一脉相承的，是中华民族几千年矿冶工业文明史在一个地区的高度浓缩和完整体现。从商周至今，黄石矿冶工业文化基本没有断裂过——这种具有高度代表性的矿冶工业遗产群本身就是罕见的。

在这些矿冶工业遗产中，以铜绿山古铜矿遗址、汉冶萍煤铁厂矿旧址、大冶铁矿东露天采场旧址和华新水泥厂旧址最为典型。

发现于1973年的铜绿山古铜矿遗址是中国古代铜矿的重要开采地，在南北长约2千米，东西宽约1千米的古矿区范围内，保留有西周至汉代不同结构、不同支护技术的数百口竖井、斜井、盲井和百余条大小平巷等采矿遗迹，以及8座春秋时期的炼铜竖炉。遗址范围地表覆盖有厚数米、重约40万吨的古代铜炼渣，出土铜斧、铜锛、铁斧、铁锤、铁锄、木铲、木槌、木辘轳、船形木斗等生产工具及陶、木质生活用具1000余件。铜绿山古铜矿遗址是中国保存最好、最完整、采掘时间最早、冶炼水平最高、规模最大、保存最完整的古铜矿遗址之一。1982年，该遗址被国务院公布为第二批全国重点文物保护单位。2014年在该遗址北坡四方塘遗址发现洗矿尾砂、选矿场、矿工脚印、冶铜场等，揭示出一个较为完整的采冶产业链，该发现为研究春秋时期铜绿山国属、生产流程及管理分工、文化面貌、冶金历史等系列重大学术问题提供了新的依据，在中国矿冶考古历史上较为罕见。2015年四方塘遗址被评为"全国十大考古新发现"。2021年6月，在黄石阳新白沙镇、富池镇、城北开发区等地发现的14处商周冶铅遗址群，成为全国考古界迄今发现时间最早、规模最大的冶铅遗址。这些古冶铅遗址也佐证了铜、铅等原材料可能有多条运输线联通中原，将长江文明和黄河文明发展紧密联系在一起。可以这么说，黄石地区古代矿冶遗址的考古发现，能够进一步证明这一矿产资源丰富的地区在古代矿冶文明中的地位和青铜文明中的历史高度，也进一步说明4000多年来中华工业文明在此延绵不绝的历史价值。

汉冶萍煤铁厂矿旧址是中国最早的、规模最大的钢铁煤联合企业所在地。现完整保留有冶炼铁炉、高炉栈桥、日欧式建筑群、瞭望塔、卸矿机等遗存。清光绪十六年（1890年），为修建芦汉铁路，湖广总督张之洞创建汉阳铁厂，光绪三十四年（1908年），在汉阳铁厂、大冶铁矿、萍乡煤矿的基础上，成立了汉冶萍煤铁厂矿股份有限公司（简称汉冶萍公司），它集勘探、冶炼、销售于一身，是中国历史上第一家用新式机械设备进行大规模生产的、规模最大的钢铁煤联合企业。据《汉冶萍公司志》记载，1915年前的很长一段时间内，中国钢铁产量几乎全部出自该企业。1948年，汉冶萍公司停产。该公司先后经历了官办、官督商办、商办三个时期，堪称中国近代钢铁工业发展的缩影。2006年，汉冶萍煤铁厂矿旧址被国务院公布为第六批全国重点文物保护单位。

大冶铁矿东露天采场（黄石国家矿山公园）是大冶铁矿的主要采场。整个采场东西长2400米，南北宽900米，上下落差444米，坑口面积达108万平方米，是世界第一高陡边坡，亚洲最大人工采坑。大冶铁矿经历了晚清、国民政府、新中国三个历史时期，曾隶湖北铁政局、汉阳钢铁总厂、汉冶萍公司、"日铁"大冶矿业所、华中钢铁有限公司、武汉钢铁公司，是中国近代史上第一座采用机械化开采的大型露天矿山。2014年，大冶铁矿东露天采场被湖北省人民政府公布为第六批省级文物保护单位。

华新水泥厂旧址是中国现存生产时间最长、保存最完整的水泥工业遗存。华新水泥厂是中国近代最早开办的水泥厂之一，创建于清光绪三十三年（1907年），现存3台湿法水泥窑、2台四嘴装包机等生产设施及生产线、运输线、厂房和管理用房等配套设施。其中1、2号湿法水泥窑设备于1946年从美国进口，由美国爱丽斯公司生产。3号窑于1975年扩建，1977年正式投产，被命名为"华新窑"。2013年，华新水泥厂旧址被国务院公布为第七批全国重点文物保护单位。

不得不说，黄石在工业遗产的保护探索之路上是国内的先行者。黄石建立了全国第一座古代矿冶工业遗产博物馆（铜绿山古铜矿遗址博物馆）、全国第一座陈列铁矿山历史的博物馆（大冶铁矿博物馆）、全国第一家国家矿山公园（黄石国家矿山公园）、全国保存最完整的大型水泥工业遗产博物馆（湖北华新水泥遗址博物馆）以及保存有亚洲最早、最大钢铁联合企业工业遗产（汉冶萍煤铁厂矿旧址）等，这些成绩还是很显著的。

2010年，黄石市筹资2.57亿元治理、关停铜绿山古铜矿遗址周边7个非法矿企，拆除20余处违法建筑。2011年，湖北省政府批准设立黄石工业遗产片区，黄石被列为湖北省工业遗产调查的重点区域，黄石市委、市政府审时度势、把握机遇，成立了黄石工业遗产片区保护工作及申报世界文化遗产工作领导小组，启动世界文化遗产申报工作，吹响了问鼎世界文化名片的号角；2012年，湖北省、黄石市相应成立"世界文化遗产预备名单申报领导小组"，黄石市政府将工业遗产保护与利用纳入政府日常工作，多次召开专题会议，研究相关工作，强力推进，最终，由铜绿山古铜矿遗址、汉冶萍煤铁厂矿旧址、大冶铁矿东露天采场旧址和华新水泥厂旧址组成的黄石矿冶工业遗产，在2012年成功入选《中国世界文化遗产预备名单》，这是我国首次将工业遗产列入申遗预备名单，也是全国唯一一处。这一年，黄石因工业遗产成为全国瞩目的焦点，成为名副其实"站在中国更高水平工业遗产保护新风口的城市"。

潮起海天阔，扬帆正当时。为了进一步响应国家工业文化发展战略的要求，我们希望立足黄石把工业遗产的大文章做起来。2016年举办了第一届中国（黄石）工业遗产保护与利用高峰论坛。在论坛上，发表了《黄石共识——关于中国工业遗产保护与利用的倡议书》这一重要的纲领性文件，它极大地拓展了我们新时期保护、传承和提升工业遗产的各种思路，是无锡会议10年后面对城市快速发展时期，对工业遗产这项人类遗产及其活动要求的又一次经验总结，促进了城市工业文明更加科学发展。

《黄石共识——关于中国工业遗产保护与利用的倡议书》的发布让我们更坚定了立场和态度。随后，在2017年1月1日，经黄石市第十三届人民代表大会常务委员会第三十三次会议审议通过，由黄石市人民政府出台的全国第一部地方性工业遗产保护法规——《黄石市工业遗产保护条例》正式施行。条例的出台从根本上破解了黄石工业遗产保护实际工作中存在的管理体制问题，从制度上为遗产的延续保驾护航。

与法律相对应，我们还配套出台了黄石市工业遗产名录。2018年，在湖北理工学院的配合下，由文物部门组织开展了全市域工业遗产专项普查，进一步摸清了黄石工业遗产的底数。2019年，黄石市人民政府正式公布了第一批黄石市工业遗产名录。被收入名录的工业遗产在《黄石市工业遗产保护条例》的作用下，分门别类被相关企业、部门所认领，部分甚至有专人专款加以保护。

更为重要的是，随着机构改革的步伐，黄石市委、市政府在2019年10月正式成立了全国第一家地级市政府直属的工业遗产专项管理事业单位——黄石市工业遗产保护中心，专门从事对工业遗产的相关指导工作，同步挖掘并宣传遗产价值。至此，保护方向、路径、管理、体制基本成形。

这一套极具创造性且极具章法的"组合拳"打下来，黄石工业遗产保护热度空前高涨。加上国家文物局的大力支持，黄石实施了规模宏大的工业遗产保护修缮工程，先后组织实施了华新水泥厂旧址、汉冶萍煤铁厂矿旧址、铜绿山古铜矿遗址等全国重点文物保护单位的文物本体修缮保护工程，工业遗产保护面貌得到极大改善。这些变化在最近几年多次全国性现场观摩活动中，都令在场所有人印象深刻。

现在看来，黄石已经在工业遗产何去何从的命题中有所破解。然而围绕彰显矿冶文化特色，如何"擦亮尘封的遗产"，加快工业遗产保护性利用，繁荣发展矿冶文化旅游产业，实现工业遗产保护利用与城市经济社会环境的良性发展等却又是一个个棘手的课题。

事实上，黄石已经开始了先行先试。在完成了一批工业遗产保护修缮工程后，因地制宜地开展了工业遗产的利用工作，做优做强产业链。在华新水泥厂旧址，政府改善了遗址周边生态环境，一些重点文物建筑本体得到保护修缮，并进行了适度的利用，实现了湖北水泥遗址博物馆对外开放；在汉冶萍煤铁厂矿旧址内，湖北新冶钢将原职工俱乐部旧址建成汉冶萍煤铁厂矿博物馆；铜绿山古铜矿遗址博物馆1984年建成开放至今，每年与学校、科技馆等联合开展科普与爱国主义教育活动；大冶铁矿东露天采场旧址成为黄石国家矿山公园的特色景点，矿山公园每年春季都会举办槐花旅游节……这些被挖掘利用起来的工业遗产，有的成为游人免费观赏画作展品的文艺殿堂，有的成为赏心悦目的矿山公园，有的成为人头攒动的研学游基地，吸引国内外游客纷至沓来。事实表明，遗产的"活化"利用极大地推动了工业旅游的发展，在惠及民众的同时带动了文化创意产业的提升，继而推动文旅产业、商贸服务业的持续升级，促进城市产业转型发展。

既要注重工业遗产保护对城市长远利益的重要性和不可替代性，又要注重合理利用和可持续发展。2016年、2019年、2021年，黄石市政府连续举办了三届中国（黄石）

工业遗产保护与利用高峰论坛。面对一些遗产本体价值难以确认、保护利用办法不多、大型遗产难以形成规模效益等问题，来自国内外工业遗产相关方面的专家学者共商大计，深刻挖掘其在社会、科技、经济和文化等诸多方面的价值，谋划遗产的传承和变革之路，赋予工业遗产新的内涵和功能，为之注入新的活力。

在2021年第三届中国（黄石）工业遗产保护与利用高峰论坛期间，黄石借智聚力，充分吸纳前两届论坛成果，初步利用重新焕发活力的老厂房，向全社会集中推出了"工业锈带""生活秀带""艺术秀带"三大板块和"工业遗产老物件"等十大精品艺术展，全方面展示了黄石工业遗产的保护与利用，老工业城市在现代化建设中旧貌换新颜。其初步取得的探索经验，也为下一步进行更高层次的活化利用，挖掘文化内涵，培育核心产业，促进工业遗产由"工业锈带"向"生活秀带"转变打下坚实基础。

回顾历史，黄石在工业遗产保护这条道路上虽然仍有不少遗憾，但也有许多先试先行的亮点值得总结。

一是保护意识一直延续。从20世纪"拆与不拆"的选择到现在如何保护并加以利用的思路转变，说明城市决策者对工业遗产的认知越来越趋同，一如既往的定力使这座城市工业文明基因得以延续传承。

二是规范并提升约束力。黄石市委、市政府高瞻远瞩，创新以立法形式颁布地方条例和目录清单，邀请文化、文物、建设、经济等各方面专家担任顾问，通过不断摸底录入清单名录。人大、政协等相关领导经常组织调研并撰写报告，实施制度化的动态监督，这为日常管理带来极大便利。

三是创新发展利用的新思路。遗产的继承和利用在物质世界和精神世界同等重要，在这座产城日趋融合的工业城市，工业遗产的价值更在于探索满足不同时期城市功能服务更新的要求。遗产是静态的，社会和人是发展的，让遗产"活起来"甚至火起来，不断适应城市空间的新要求，是包括文物在内的所有遗产利用的前进方向。

新时代新挑战，东风正劲好扬帆，黄石奋进正当时。工业遗产保护和利用已成为黄石转型升级，实现高质量发展的重要抓手，黄石工业遗产保护利用和申报"世界文化遗产"工作正乘风破浪，阔步前行，书写新时代黄石工业遗产保护与利用的绚丽篇章。

编委会

2022年5月8日

共话工业遗产　传承工业文明

——第一、二、三届中国（黄石）工业遗产保护与利用高峰论坛历史回顾

2003年，国际工业遗产保护委员会（TICCIH）制定并公布了《下塔吉尔宪章》，希望借此促进国际社会对工业遗产的价值及其保护形成共识。2006年，我国第一个关于工业遗产保护的文件《无锡建议》公开发表；同年国家文物局下发《关于加强工业遗产保护的通知》，提出"工业遗产保护是我国文化遗产保护事业中具有重要性和紧迫性的新课题"。应该说，21世纪之初工业遗产才开始得到国际认可和重视，工业遗产作为文化遗产的价值认识和探讨也才刚刚开始。

黄石在这方面工作做得还是比较扎实深入的。自2012年黄石矿冶工业遗产作为全国唯一一处工业遗产列入《中国世界文化遗产预备名单》后，黄石市政府加快了对黄石及相关地区工业遗产的研究、保护、利用以及申报工作。尽管我们取得了一定进展，但工业遗产对于我们而言始终是文化遗产领域的新课题，保护修缮工程和展示利用没有直接拿来的成熟经验可供借鉴。为了获得全国乃至世界文化遗产领域专家学者的技术指导，汲取更多的智慧和力量，我们分别在2016年、2019年、2021年邀请国内外相关方面的专家学者以及研究团队等，共商工业遗产保护利用大计，共同谋划黄石矿冶工业文化的传承和提升。于是，在这样的背景下，第一、二、三届中国（黄石）工业遗产保护与利用高峰论坛拉开了大幕。

一、基于"共识"的遗产保护

宏观来看，20世纪末中国工业发展进入快车道，工业技术的革新叠加城市（镇）化发展使绝大多数城市产业转型加速，工业企业退城入园、土地腾挪更新换代，大量

"棕地"被包裹在城市中心。这些原始工业遗存大多数随着城市功能变化被完全移除，只有一部分改头换面重新改造，极少数被完整保护留存下来。其工业遗产所承载的文化、社会、历史、科学等价值始终在研究者和城市决策者之间存在重大分歧。而这些价值领域自身也存在许多不确定性和盲区，比如工业技术、工艺美学、科学价值等跨学科的研究。如果说2006年的《无锡建议》给国内快速消失的工业遗产打了一剂强心针，那么面对工业社会中价值不断提升的遗产而言，就更需要花精力去深挖其丰富的内涵了。

另外，当黄石市政府精心组织华新水泥厂旧址、汉冶萍煤铁厂矿旧址、东钢旧址等这些近现代工业遗产修缮工程的同时，也带来了许多市民对这些做法的不理解，认为近现代工业不过百年意义不大，在寸土寸金的城市中心不仅创造不了经济价值，还要斥巨资修缮维护，劳民伤财、没有人气等，这些现实问题又给我们提出新的思考，如何进一步规范工业遗产保护方法，思考如何创新地提高工业遗产建筑的利用率，探索实现工业遗产保护利用与城市经济社会的良性互动发展。

在这样的基础上，黄石希望立足过去工业遗产保护的良好基础，把工业遗产这篇大文章做起来。2016年11月，第一届中国（黄石）工业遗产保护与利用高峰论坛在黄石市召开。论坛由中国文化遗产研究院、中国文物信息咨询中心、湖北省文物局和黄石市人民政府联合举办，邀请了国内的专家学者，全国数十个省市文物部门、文博单位负责同志170余人参与。11月15日，论坛正式开幕，与会专家围绕主题激情碰撞，畅所欲言。会议期间专家们考察了以"大冶铁矿东露天采场旧址、铜绿山古铜矿遗址、汉冶萍煤铁厂矿旧址、华新水泥厂旧址"为代表的黄石矿冶工业遗产片区，对黄石工业遗产保护与利用现状进行实地探访和直观感受。

这次论坛的主题是探讨"中国工业遗产保护与展示利用思路和方法"。论坛期间，来自中国文化遗产研究院、北京大学、北京工业大学等国内知名院所、高校和相关单位的15位专家学者发表演讲。北京建筑设计研究院有限公司副总建筑师李亦农认为："对旧工业遗产改造再利用时，应注意保留原有建筑的空间、结构特点，保留建筑的历史与文化特色，以最克制的适度的手法对工业遗迹进行保护性展示与利用。"北京工业大学建筑与城市规划学院戴俭教授结合国内外工业遗产保护实践经典案例指出："工业遗产的保护与利用必须统筹考虑，打开思路，探寻更加广泛的实现模式；明确保护的底线和利用的标准；寻求体制机制突破，增加保护利用的动力。"专家们见仁见智，分别从工业遗产的技术性保护、工业遗产活化利用实践、矿冶文化研究等方面展开充分交流，研究了未来工业遗产保护的理念和举措，为黄石工业遗产保护利用提供了宝贵的建议。

论坛最重要的莫过于通过了行业共识性文件——《黄石共识——关于中国工业遗产保护与利用的倡议书》。《黄石共识——关于中国工业遗产保护与利用的倡议书》提出，我国工业遗产在传承和弘扬中华优秀传统文化，彰显近现代工业文明，推动地区经济社会可持续发展等方面作用逐步凸显。在新形势下，探讨工业遗产保护利用的思路、方式和方法，尤为迫切和重要。《黄石共识——关于中国工业遗产保护与利用的倡议书》呼吁社会各界充分认识工业遗产的价值及其保护意义，深入开展工业遗产的调查、评估、认定，深入挖掘工业遗产的内涵和价值，充分发挥工业遗产社会效益，让工业遗产"活"起来，统筹考虑有效保护与活化利用。《黄石共识——关于中国工业遗产保护与利用的倡议书》还建议，对黄石等工业遗产片区的成功经验进行总结和推广，依托其独特的工业遗产资源优势，组建工业遗产保护研究专业组织，通过持续的中国工业遗产保护与利用高峰论坛活动，形成文化资源品牌聚集效应，带动社会力量共同参与工业遗产保护。这份《黄石共识——关于中国工业遗产保护与利用的倡议书》努力拓展我们新时期保护、传承和提升工业遗产的各种思路，是无锡会议10年后面对城市快速发展时期，对工业遗产这项人类遗产及其活动要求的又一次经验总结，促进了现代城市工业文明体系更加科学健全。

这项纲领性文件是论坛的一个突破点，在工业遗产和文化遗产领域激发了学者对许多现实热点问题的进一步探讨，也让这一届论坛成功引起业界和媒体的关注。

二、面向世界的价值研究

第一届论坛《黄石共识——关于中国工业遗产保护与利用的倡议书》的发布让我们更坚定了保护工业遗产的立场和态度。按照专家们提出的工业遗产修缮保护方法和工业遗产建筑展示利用建议，我们不断明确工业遗产保护与利用的工作思路，将黄石工业遗产打造成世界文化遗产作为主要目标，实现工业遗产保护与利用的可持续发展。3个月后，经黄石市第十三届人民代表大会常务委员会第三十三次会议审议通过，由黄石市人民政府在2017年1月1日正式颁布了全国第一部地方性工业遗产保护法规——《黄石市工业遗产保护条例》。条例的出台从根本上破解了黄石工业遗产保护实际工作中存在的管理体制问题，从制度上为遗产的延续保驾护航。接下来的2018年，市委、市政府进行新一轮事业单位机构改革，动议将工业遗产相关工作单列，成立正县级的政府直属管理机构，承担全市工业遗产保护、利用、管理、研究和宣传工作。2019年黄石市工业遗产保护中心（湖北水泥遗址博物馆）正式挂牌，2021年加挂黄石市文物保护中心，进一步扩大了职能范围，工业遗产在城市社会发展中的地位日渐高涨。

政府用十余年的行动表明，虽然黄石矿冶工业遗产距离世界文化遗产的标准还有一定差距，但是这座城市一直在暗暗努力，修炼内功，运用各种方式维护和提升自身价值。可喜的是，国际遗产界，尤其是工业遗产领域专家对黄石矿冶工业遗产表现出了很大的兴趣，国际专家和国际组织也有意愿深入参与黄石申遗工作。为加快黄石矿冶工业遗产申报世界文化遗产进程，更好发挥《黄石共识——关于中国工业遗产保护与利用的倡议书》在工业遗产领域的引领作用，坚定文化自信，坚定文化遗产"活起来"。时隔三年，2019年11月，借第三届中国（黄石）地矿科普大会举办之机，黄石市市人民政府和中国古迹遗址保护协会共同举办"第二届中国（黄石）工业遗产保护与利用高峰论坛"，国际古迹遗址理事会、国际工业遗产保护委员会、中国文化遗产研究院、英国工业考古协会、英格兰遗产委员会等专业机构及清华大学、武汉大学、中国地质大学、北京科技大学、德国萨里大学等重点院校，9个国家的40余名专家学者受邀参加了论坛。

2019年11月初秋高气爽，与会专家集体前往大冶铁矿东露天采场旧址、铜绿山古铜矿遗址、汉冶萍煤铁厂矿旧址、华新水泥厂旧址等地参观考察，境外许多同行对黄石宏伟且具特色的矿冶景观赞叹不已。11月4日晚，举行了论坛前的圆桌会议，国内外专家围绕"世界文化遗产体系下黄石工业遗产的核心价值、列入世界文化遗产的可行性、对黄石工业遗产发展的意见和建议"等主题，集思广益，建言献策。现场讨论气氛热烈，一些专家会后还表示时间太短，意犹未尽。

2019年11月5日论坛正式开幕。与会专家围绕"黄石共识——世界文化遗产体系下黄石工业遗产持续发展之路"的主题分别作主旨演讲。国际古迹遗址理事会秘书长Peter Phillips认为，黄石的四个工业遗址在世界舞台上应有一席之地。从铜矿到青铜器，从铁矿到特钢，是中国工业发展历程的缩影，是有希望跻身世界遗产之列的。亚太地区世界遗产培训与研究中心副主任Simone Ricca提出要建立遗产与城市人之间的联系，要把工业的遗址和周围社会的活动、人们生活联系起来。英国工业考古协会主席Dafydd Nevell认为还需要进一步研究包括煤铁矿冶炼、钢铁制造过程的技术是如何改变城市社会的发展的，中国在这些工业技术的历史沿革是如何发展的。清华大学建筑学院副教授、国际工业遗产保护委员会中国国家代表理事刘伯英认为，"黄石还要加大对工业遗产保护发展的力度，突出做好工业遗产周边的地质灾害评估、自然生态的修复，以及相关建筑物、设施设备、矿坑、遗址的保护，充分展示它们，打造属于黄石特有的工业旅游资源"。湖北省文化和旅游厅文物保护与考古处处长陈飞认为，"黄石应该实现的是多维目标，应该是遗产保护、环境治理、民生改善和区域发展的四位一体"，等等。

在为期两天的会议中，40多名国内外专家学者碰撞思想火花，供给智慧养料，取得丰硕成果，一致认为，工业遗产保护与利用是一个系统工程，必须与当地经济社会发展相融合；要着眼于解决环境、生态、土地利用等问题，通过保护、修缮和适度改造，置换原有城市功能，实现旧城文化复兴，达到生态效益、社会效益和经济效益相统一，走可持续发展之路。论坛上，还被聘请12名境内外专家为黄石工业遗产保护专家委员会高级顾问。

三、聚焦公众的活化利用

进入新时代，工业遗产保护与利用正成为我国彰显文化软实力的战略举措，工业遗产研究、保护与利用开展得如火如荼，让文化"活"起来的理念越来越深入人心，独特、厚重的工业遗产如何充分活化利用，惠及广大民众，亟待破解。在成功举办第一、二届中国（黄石）工业遗产保护与利用高峰论坛之后，黄石市再次聚焦工业遗产，立足黄石，融合各地经验和实践，探讨中国工业遗产保护与利用的思路、方式、方法，开展学术交流，荟萃名家思想。

2021年12月20日，第三届中国（黄石）工业遗产保护与利用高峰论坛在黄石召开，论坛由中国文化遗产研究院、工业和信息化部工业文化发展中心、黄石市人民政府联合主办，邀请了国际古迹遗址理事会、国际工业遗产保护委员会、中国文化遗产研究院等嘉宾学者参与。本届论坛以"打造'生活秀带' 共享品质空间"为主题，12月21日，与会专家学者先后考察铜绿山古铜矿遗址、鄂王城城址、大冶铁矿东露天采场旧址、汉冶萍煤铁厂矿旧址、华新水泥厂旧址，对大冶、黄石的历史和矿冶工业遗产有了更深入的理解。

12月22日，第三届中国（黄石）工业遗产保护与利用高峰论坛在华新水泥厂旧址正式拉开帷幕，30余名专家通过线上与线下相结合的方式，探讨当下中国工业遗产保护与利用中出现的新情况、发现的新问题，研究黄石市工业遗产保护与利用的新进展以及申报世界文化遗产的思路及路径，共同探索城市更新背景下的黄石模式。22日晚，专家围绕城市更新视角下的工业遗产活化利用和面向未来的工业遗产发展之路进行了交流互动发言。与会专家讨论激烈、观点鲜明，收获颇丰。国际古迹遗址理事会主席Teresa Patricio认为，黄石的工业遗产很重要，铜绿山古铜矿遗址可追溯到青铜器时代，是著名的铜矿考古遗址之一。能够体现大冶1700多年矿冶发展史的汉冶萍煤铁厂矿旧址、华新水泥厂旧址、大冶铁矿东露天采场旧址等工业遗迹都值得好好保护。因此，专业性是在工业遗产保护管理过程中确保遗产重要性和价值得到尊重与保护的关键之一。英国伯明翰大学教授Mike Robinson以英国铁桥峡谷世界遗产为例，认为对于遗产的管理，特别是工业遗产的管理，必须考虑多元化，要尽可能地利用资产和资源，这包括遗产资源、自然资源、非物质资源以及社区本身。当地社区是理解遗产并实现多样化展示阐释的关键，也是理解、发现并获得长期、可持续收入来源的关键。上海建为历保科技公司总工程师、国家文物局专家库专家滕磊指出："工业遗产活化利用应找到合适的对标点，博采众长，才能对症下药，建立自己的黄石模式，在多元活化利用的基础上，同时要结合城市未来发展方向，突出文化自信。"论坛期间，专家们凝心聚智，抛出黄石矿冶工业遗产保护与活化利用的锦囊妙计，为黄石工业遗产发展打开了思路，提供了滋养。

论坛推出了"黄石记忆——图片展""光阴之旅——工业老物件展""东楚霓裳——黄石时装秀"等十余项系列活动，尤其是黄石时装秀活动，利用工业遗址现有资源，依托黄石本地服装企业，展示黄石服装工业底蕴，全方面展示黄石促进工业遗产由"工业锈带"向"生活秀带"转变，老工业城市在现代化建设中旧貌换新颜的工作成果，得到市民的热烈响应。

论坛期间有关情况得到中宣部"学习强国"、人民日报（海外版）、中国文物报、人民网、凤凰网、新华网等国内主流官方媒体一百多篇次的报道和转载，都达到了预期效果，影响深远。

第一、二、三届中国（黄石）工业遗产保护与利用高峰论坛的先后举办，推介了黄石工业遗产厚重独特的文化魅力，专家碰撞出的思维火花为黄石工业遗产保护利用和"申遗工作"照亮了方向。回顾论坛，我们认识到工业遗产保护利用与"申遗工作"是一个漫长的过程，论坛只是阶段性开了个头，让我们尤其是黄石人更清晰自信地看清工业文化的家底，认识如何向世界讲好黄石故事，同时也更加坚定以黄石为代表的中国矿冶工业文明的自信力。既然开了头，就得继续走下去，以史为鉴，开创未来。

编委会

2022 年 5 月 8 日

在"第三届中国(黄石)工业遗产保护与利用高峰论坛"上的致辞

特蕾莎·帕特里西奥
(国际古迹遗址理事会)

Excellencies,

Ladies and gentlemen,

Dear colleagues,

尊敬的各位嘉宾,

女士们,先生们,

同事们,

On behalf of ICOMOS, I would like to thank ICOMOS China for inviting me to this opening ceremony on the occasion of the forum on Industrial Heritage Protection and Utilization organized by Huangshi Municipal Government from Hubei Province in collaboration with ICOMOS China.

我谨代表国际古迹遗址理事会(ICOMOS)感谢中国古迹遗址保护协会(ICOMOS CHINA)邀请我出席由湖北省黄石市政府与中国古迹遗址保护协会联合举办的"工业遗产保护与利用论坛"的开幕式。

The process of industrialization in the world is a major part of human history, where technologies, buildings, know-how, social life and the memory of communities are interlaced. However, in today's world, the conservation of this priceless and often fragile heritage faces countless obstacles at the social, political and environmental levels. In 2011, ICOMOS and TICCIH agreed on joint principles for the conservation of industrial heritage sites, buildings, areas and landscapes, known as the Dublin Principles. Its Articles Fives and Six, I quote, tell that "Thorough knowledge of industrial, and social economic history of the city, region or country and of their links with other parts of the world is necessary to understand the heritage values of industrial buildings or sites. Comparative typological or regional studies on certain industrial sectors or technologies are useful to access the interest of particular buildings, sites or landscapes. Appropriate policies, legal and administrative measures need to be adopted and adequately implemented to protect and ensure the conservation of industrial heritage sites and structures." End of the quote.

世界工业化进程是人类历史的重要组成部分，在此进程中，技术、建筑、知识、社会生活和社区记忆交织在一起。然而，在当今世界，遗产是无价的，却也往往是脆弱的，对它们的保护面临来自社会、政治和环境层面的无数障碍。2011年，国际古迹遗址理事会（ICOMOS）和国际工业遗产保护委员会（TICCIH）就保护工业遗产遗址、建筑、区域和景观达成联合原则，即《都柏林原则》。其第5条和第6条指出："透彻了解城市、地区或国家的工业和社会经济史，以及它们与世界其他地区的联系，对于理解工业建筑或遗址的遗产价值是必要的。对某些工业部门或技术进行比较类型学或区域性研究，有助于了解特定建筑、遗址或景观的价值。必须采取并充分执行适当的政策、法律和行政措施，以保护和确保工业遗产遗址和建筑得到保存。"

This forum attaches the importance that ICOMOS gives in encouraging and assisting the knowledge, protection, conservation and presentation of industrial heritage throughout the world. In Huangshi, industrial heritage is important. The Tonglvshan Copper mining site, dating back to the Bronze Age, is one of the most famous archeological sites of copper mine. The Han-yeh-ping Coal and Iron Factory, the Huaxin Cement Plant, and the Daye Iron Ore site over 1,700 years of mining history, are examples of sites that deserve sound programs of conservation and protection. Therefore, specialist skills are necessary to ensure that heritage significance and values are respected while managing industrial heritage sites and structures. Building codes, rectification requirements, environmental or industrial regulations and other standards should be implemented to take the heritage dimension into account when they are enforced in physical interventions.

国际工业遗产组织非常重视在全世界鼓励和支持对工业遗产的认知、保护、保存和展示。今天的论坛也展现出在此方面的重视。黄石的工业遗产很重要。铜绿山古铜矿遗址可追溯到青铜器时代，是世界上最著名的铜矿考古遗址之一。汉冶萍煤铁厂矿、华新水泥厂，以及有着1700多年开采历史的大冶铁矿遗址，都值得好好保护。因此，专业技能是必要的，以确保在管理工业遗产遗址和建筑时，遗产的重要性和价值得到尊重。建筑规范、整改要求、环境或工业法规和其他标准在实施实体干预时，应考虑到遗产方面的因素。

So as the President of ICOMOS, I congratulate all those who have collaborated for the organization of this forum today. I see it as inspiring for all and showing how important it is to align our approaches to ensure an active process of historical continuity and cultural contribution.

在此，作为国际古迹遗址理事会主席，我向所有合作组织今天这个论坛的人员表示祝贺。我认为，这个论坛对所有人来说都是鼓舞人心的，它表明，我们协调各种方法以确保具有历史延续性和文化贡献的积极进程是多么重要。

Thank you very much for your attention. Thank you.

非常感谢大家的关注。谢谢！

Report to the Second China Industrial Heritage Protection and Utilization Forum (Abstract)

Sylvain Schoonbaert

(National School of Architecture and Landscape of Bordeaux)

This report accounts for the writer's attending the Second China Industrial Heritage Protection and Utilization Forum, particularly his visits to several important industrial sites in Huangshi, including the ancient copper mine site in Tonglvshan, the Han-yeh-ping coal and iron site and the former Huaxin cement site. These sites demonstrate the history of copper extraction and the development of the modern industry of steel and cement. Some parts of the sites are reused as museums or exhibition spaces. The visits impressed the writer.

Evolving Strategies for Documenting the Heritage of the Modern Industrial World (Abstract)

Wayne Cocroft

(Senior Archaeological Investigator with Historic England)

Internationally, many late-20th-century factories are reaching the end of their economic working life, but their legacies are poorly understood and under-researched. They are monuments to national and international stories of technology development and diffusion and the endeavours of tens of thousands of people. However, their scales and often serious contamination issues make it challenging to reuse modern industrial buildings. Many will require large public funds to remediate their sites. New strategies are needed to document these enterprises before or shortly after closure. These involve the recording of sites, together with the selective retention of archives and artefacts. The essay shares Historic England's recent work to document post-war power stations. Guidance is issued on the selection of the most significant materials. Documentation and recording are ideally conducted by the enterprises themselves. The photographic recording must be done timely, professionally, and effectively. Foresight is essential in deciding on protection and reusing the facilities. In short, the work requires greater cooperation between national and local heritage agencies and closer collaboration between museums, archives, the arts sector and local communities. It is hoped that Historic England's work might provide a model for recording other late-20th-century industries.

Exploration of World Heritage in France in Recent Ten Years (Abstract)

Catherine Bertram

(Nord-Pas de Calais Coalfield Agency)

The essay reviews the 10-year nomination process of the Nord-Pas de Calais Coalfield, introducing the objectives, methods, and stakes of its World Heritage adventure. Regeneration is a complex process, combining short-term and long-term issues. It involves not only funds and technology but also human beings (the social community lives in the line and the region), the environment (the evolving cultural landscape), the OUV, and creating new synergies between protection and utilisation. This requires years of analyses, surveys, studies, inventories and selections. It also needs cooperation and collaboration with universities, experts, the press and administrations. Inhabitants' ownership, legal and regulatory procedures, and planning systems are strong support and guarantee. However, the successful nomination is only the real beginning of the protection and reuse of the heritage. There should be endless protection and development regarding the heritage. Heritage is not only the business of the Government, inspectors, and experts, but also the business of inhabitants.

Lighting Industrial Heritage in the Ruhr Region of Germany (Abstract)

Hilary Orange

(Swansea University)

Once the heartland of Germany's coal, steel, and iron industries, the Ruhr region today prides itself on having a vibrant cultural scene. The IBA Emscher Park has become a leading example of incorporating culture and art into old industrial sites by commissioning artworks from leading international artists to create new landmarks on old industrial sites. In particular, the essay explores the use of different lights in the IBA project and their effects. Lights present and promote industrial heritage and bolster the region's economy through night-time event programming and tourism. More importantly, lights are symbolic, suggesting life and compensating for the "lost" lights of the working industry and the dark gaps in cities when industries shut down.

The Industrial Heritage of Huangshi (China): A Call for the 21st Century (Abstract)

Juan Manuel CANO SANCHIZ

(Institute for Cultural Heritage and History of Science & Technology, University of Science and Technology Beijing)

The essay reflects on the definition of industrial heritage and the challenges to its protection and reuses from the particular case of Huangshi.

Defining industrial heritage is not easy. It is a field with extremely wide and flexible borders. It can be both material or immaterial, modern or ancient. It is related to production or distribution/consumption. It can involve technological, economic, social, cultural, or even ecological values. However, not everything related to the industrial past or present is industrial heritage. It is that part of the industrial legacy in which we see (or we put) values that justify their preservation. Industrial heritage is a network maker facilitating the transfer of knowledge from the past industrial society to the present post-industrial one. It is the chance we have to use the knowledge and experience produced by the industrial society to design innovative and sustainable solutions to some of the problems that we and this planet are facing today.

With its territorial character, diachronic evolution, singularity, and the will of the public administration and infrastructure to activate its industrial legacy, Huangshi is an illustrative example of a diachronic industrial landscape, a whole system involving both natural and cultural features modelled by the human exploitation of geological resources for more than 3000 years. However, leveraging this resource at its maximum potential and in an adequate way demands dealing with many different factors, for example, what evidence should be recorded, to what extent the site should be cleaned, and how to attract visitors. The main challenge is to achieve a balance between the preservation and transfer of heritage values on one side and the satisfaction of the current and actual needs of society on the other. Industrial heritage is not just the history of production and technology. It is also about the stories of humans, the society and the culture.

Huangshi's industrial heritage embodies multiple values. Therefore, it is suggested that Huangshi deals with its industrial heritage as a complex and diachronic industrial system inseparable from its natural environment and builds a new model of the industrial city, more sustainable and well-balanced, in which the past can be an active resource in the service of progress and development.

Management Challenges for World Heritage Sites (Abstract)

Mike Robinson

(University of Birmingham, UK)

World heritage sites face many management challenges, such as the protection of the OUV, engaging people, interpretation and, in particular, large and ongoing funding requirements. Using the example of the Ironbridge Gorge World Heritage Site, the essay presents a landscape approach, a holistic way of sitting heritage into a broader environment, including physical and social-cultural environments that keep changing. This approach requires the adaptive reuse of buildings and structures, creative use of site narratives, and building diverse partnerships. It is important to have maximum use of the assets and resources of the heritage. Creativity and entrepreneurship are needed to create a heritage tourism economy for sustainable protection and reuse. Local communities should be engaged because they are the guardians of the heritage for the next generations.

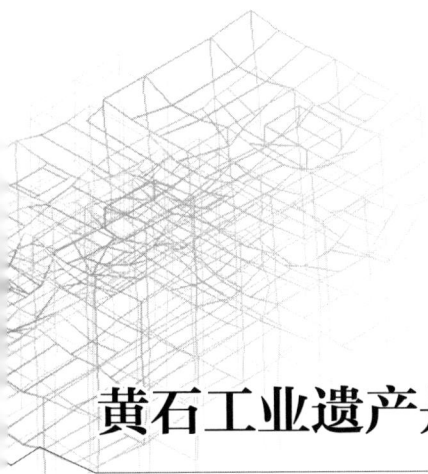

黄石工业遗产是中国科技文明史的历史见证

姜 波

（国际古迹遗址理事会 山东大学文化遗产研究院）

世界工业遗产是人类科技进步留下的历史印记，黄石工业遗产堪称中国古代科技史上的一朵文明之花！

黄石矿冶工业遗产主要由铜绿山古铜矿遗址、汉冶萍煤铁厂矿旧址、大冶铁矿东露天采场旧址以及华新水泥厂旧址等组成，是一处不可多得的代表性矿冶遗存。众所周知，在世界文明史上，中国文明最具特色的成就之一就是商周时期的青铜文明，而铜绿山古铜矿遗址即是青铜文明的"母矿"，其考古与科学价值无与伦比。迨及清末，曾经辉煌灿烂的中华文明面临严峻挑战，在一批有识之士的推动下，古老的东方古国开启了救亡图存的"洋务运动"，这是以煤炭和钢铁工业为标志的世界近现代工业文明在中国的蹒跚起步。从这个意义上讲，作为"洋务运动"的代表性遗产，汉冶萍煤铁厂矿旧址、大冶铁矿露天采场旧址正是中华民族试图迈向世界近现代工业文明的重要见证，实乃中国科技文明史上最为重要的文化遗产之一。由此可见，黄石工业遗产的价值可谓是"花开两朵"：在遥远的商周时期，这里铸造了灿烂的青铜文明；在救亡图存的近现代，这里是中华民族迈向近现代工业文明的重要见证。

"工业遗产"是我们反思人类科技文明史的历史遗存，其理念源于英国的"工业考古"。作为近代工业文明的起源国，同时又是近现代考古学的发源地，英国早在20世纪60年代即已开始调查、发掘和研究以煤炭和钢铁工业为标志的工业遗存。1978年，国际工业遗产保护委员会在瑞典成立，标志着工业遗产的保护迈上了全球化合作的道路。2003年，国际工业遗产保护委员会通过了用于保护工业遗产的国际准则——《下塔吉尔宪章》。而今，在欧美国家，工业遗产已然成为世界遗产中举足轻重的一种类型，涵盖了矿冶遗址、工业城镇、厂矿旧址、交通设施等诸多类别。这些遗产，从深藏山谷的矿洞，到沿河而建的工业小镇；从横跨大陆的早期铁路，到川流不息的古代运河；

从飞跨奔流的钢铁大桥，到探索浩瀚太空的射电天文台……它们曾经目睹人类科技文明进程的脚步，也成为今天人们流连忘返的朝圣之所。

《世界遗产名录》中，已经有一批珍贵的工业遗产赫然在列。笔者曾经造访英国的煤溪谷与铁桥遗产地，这是一处令人印象深刻的世界遗产地，英国工业革命时期留下的煤炭、钢铁和矿业交通遗迹，时至今日依然历历在目。高耸的铁炉遗址、保存完好的水车和横跨河流之上的世界第一座钢铁大桥，无不展示出近代工业文明曾经的辉煌。智利的苏埃尔采矿小镇，始建于20世纪之初，紧邻世界最大的地下铜矿——厄尔特尼恩特（El Teniente）遗址，堪称早期工业遗产景观的杰出典范。阿富汗的艾娜克（Mes Aynak）铜矿遗址是古代矿业遗产的杰出代表，时代属于贵霜晚期到伊斯兰早期，遗址周边还有极其珍贵的佛教遗迹，这是欧亚大陆腹地古典时期最为重要的采矿遗址之一，其出土文物曾经在阿富汗国家博物馆公开展出，引起全球关注。

我们的东亚近邻日本，同样有两处工业类型的世界遗产值得关注。一是石见银山遗址，1526～1923年被开采了近400年，这是进入"大航海时代"以后，以白银为媒介的全球贸易时代留下的重要遗存，它对于僻居远东的日本深度融入全球贸易圈，具有世界级的意义。日本的另一处工业世界遗产，即"明治工业遗产"同样值得关注。按照日方申遗文本的表述，这是传统经济形态的日本转向以煤炭、工业、海洋贸易为标志的近现代工业文明的重要遗产，也是东亚世界迈向近现代工业文明的摇篮。

在科技进步和全球化的时代，我们应该深刻认识到工业遗产的价值与意义。伊朗的世界遗产——跨伊铁路，奔腾在古老的波斯帝国土地上；通往印度北部茶园的大吉岭铁路，是南亚次大陆纳入近现代文明体系的标志。2019年，20世纪中期修建的英国乔德雷尔班克天文台申报世界遗产，在国际古迹遗址理事会的专家评审会上，居然全票通过，让国内很多遗产专家深感意外。其实，这座天文台是"人类通过射电望远镜探索浩瀚宇宙的第一个跳板！"对于人类历史而言，具有划时代的意义，入评世界遗产理所当然（笔者当时作为评委也投了赞成票）！

1972年，在巴黎举行的联合国教科文第十七届大会上，《保护世界文化和自然遗产公约》（以下简称《世界遗产公约》）获表决通过。《世界遗产公约》的初衷是保护具有"历史、科学与艺术"价值的遗产（现在已经扩充、升级为评选世界文化遗产的六条标准）。截至2021年，我国已有56项世界遗产，世界遗产总数在全球名列前茅，成为名副其实的世界遗产大国。翻检《世界遗产名录》不难发现，我国现有的世界遗产多属历史考古类型，而科学类与艺术类遗产数量明显偏少（都江堰和大运河姑且别论）。像英国的乔德雷尔班克天文台旧址、澳大利亚的悉尼歌剧院、德国的玛蒂尔德艺术家小镇这一类遗产地，在中国尚难进入申遗的备选名单，这不得不说是一种遗憾。

要之，作为中国古代青铜文明的摇篮和近现代工业文明起步的标志，黄石工业遗产申请列入《世界遗产名录》，可补我国世界遗产类型之空白，意义深远。中华文明源远流长，以"四大发明"为代表的科技成果曾经对世界历史进程产生过深远影响，由此而论，积极推动我国工业遗产申遗，诚可谓当务之急！

关于《世界遗产名录》中工业遗产的讨论

吕 舟

（清华大学建筑学院 中国古迹遗址保护协会）

到2020年第44届世界遗产大会之前，《世界遗产名录》中共有869处文化遗产，其中包括47处工业遗产。工业遗产项目在世界遗产委员会建立《世界遗产名录》之初就受到了缔约国和咨询机构的关注。波兰的"威利茨卡盐矿"被列入1978年公布的第一批《世界遗产名录》。咨询机构国际古迹遗址理事会（International Council on Monuments and Sites，ICOMOS）认为它符合《实施〈世界遗产公约〉操作指南》规定的标准iv，推荐列入《世界遗产名录》。根据1977年版的《实施〈世界遗产公约〉操作指南》文化遗产的标准iv为："是反映重要的文化、社会、艺术、科学、技术或工业发展的构筑物类型最富特色的案例。"

咨询机构ICOMOS对这一价值的说明为："克拉科夫的盐矿是一个大型工业设施的例子，在管理和技术方面都有良好的组织，中世纪以来形成的体系保证了它的存在。由于对矿道的加固和保护，几个世纪以来的采矿过程演变的各个阶段都得到了完美的展现。在盐矿场中展出的一整套开采工具，本身就是一份宝贵和完整的资料，见证了采矿技术在欧洲历史上的演变。"

2013年这一项目通过扩展，将1978年申报但未能被世界遗产委员会通过的博奇尼亚盐矿及新增加的威利茨卡盐矿场城堡列入这一遗产项目。

工业遗产是《世界遗产名录》中重要的类型。欧洲一直以来是主要的工业遗产申报地区，这与工业革命最早燎原于欧洲的历史是分不开的。在欧洲国家中英国和德国又是世界遗产中工业遗产相对较多的国家。1986年，英国的"乔治铁桥峡谷"继"威利茨卡盐矿"之后成为第二个出现在《世界遗产名录》上的工业遗产项目。相对于"威利茨卡盐矿"，"乔治铁桥峡谷"更强调了工业遗产所表达的技术特征。"威利茨卡盐矿"在申报时除了强调史前人们已经开始利用这一盐矿渗出的含盐的泉水，13世纪开始进行盐矿的开采并一直延续到当代之外，也强调了在开采过程中人们在盐矿中挖出的大厅、教堂、雕像等建筑作品，这部分内容更符合传统艺术审美的范畴，事实上"威利茨卡盐矿"从15世纪起已经是一个欧洲旅游景点。而"乔治铁桥峡谷"则更强烈地呈现出工业遗产的特征，咨询机构ICOMOS在对"乔治铁桥峡谷"的评议中指出：

> 工业革命是一种世界性的现象，在18世纪英国出现，之后蔓延到其他国家，并在19世纪促成了人类历史上一些最深远的变化，这体现在位于伯明翰西北约30公里的什罗普郡的著名铁桥峡谷遗址上。
>
> 这一遗产的区域从塞文河谷上游3.6公里处与卡尔德布鲁克河交汇处的科尔布鲁克戴尔开始。这里高度聚集了矿区、铸造厂、工厂、作坊和仓库，它们与古老的交通网络、各种道路、运河和铁路网以及大量传统景观和住房共存，展现了塞文峡谷的森林、铁工厂、工人生活区、18和19世纪的公共建筑和基础设施。铁桥峡谷既有杰出的纪念性构筑物（铁桥是最著名的），也不缺少代表工业时代主要技术的遗存，以及仍然存在的社会专业性的背景环境。因此，这一工业区域既具有独特性又具有时代的象征性。

咨询机构ICOMOS认为这一遗产符合：

标准i：考尔布鲁克代尔高炉使在1709年发现焦炭炼铁的亚伯拉罕·达比一世（Abraham Darby I）的创造性努力永存。它和铁桥一样是人类创造天才的杰作，铁桥是1779年由亚伯拉罕·达比三世根据建筑师托马斯·法诺尔·普里查德的图纸建造的、已知的第一座金属桥。

标准ii：考尔布鲁克代尔高炉和铁桥对建筑和技术的发展产生了重大影响。

标准iv：乔治铁桥峡谷是为近代工业区的发展令人着迷的缩影。采矿中心、运输工业、制造工厂、工人住宅区和运输网络保存完好，足以构成一个具有相当潜在教育意义的整体。

标准vi：铁桥峡谷每年向30万游客开放，是18世纪工业革命的世界性著名标志。

"乔治铁桥峡谷"在工业遗产的申报中，具有开创性的意义，它不仅申报了形象特征和遗产价值突出的乔治铁桥和高炉，更包括了其他相对价值较低的矿区、工厂、工人住宅区、交通网络和作为背景的森林。它的意义已经超出了传统纪念物、建筑群，而进入文化景观的范畴，是一种独特的工业景观。这一概念对之后英国工业遗产的申报产生了重要影响。

1994年德国的"弗尔克林根钢铁厂"列入《世界遗产名录》。它占地7.6公顷，是典型的工厂类工业遗产，遗产的范围就是工厂的范围。德国在申遗报告中认为"弗尔克林根钢铁厂是19世纪和20世纪初技术发展史和工业文化的独特纪念碑。它展现了一个具有重大历史意义、不同寻常的完整大型生钢铁厂。工厂的遗存是第一次和第二次工业革命期间人类成就的同义词和象征；它是一座工业时代的'大教堂'。"弗尔克林根钢铁厂"是西欧保存下来历史最悠久、保存最完好的高炉和冶炼生产设施。德国认为："弗尔克林根钢铁厂的突出普遍价值在于其独特的完整性和独创性。煤气净化厂、悬浮输送系统（其类型中最大的）、具有引领作用的烧结厂，这些技术发展的重要成果，作为19世纪和20世纪复杂的生铁厂的组成部分，都完整地集中在这样一小块地方。因此，弗尔克林根钢铁厂符合《世界遗产公约》第i、ii和iv项标准。"

咨询机构在对"弗尔克林根钢铁厂"的评估报告中指出："在一个世纪的弗尔克林根钢铁厂发展壮大，许多技术革新在这里得到了最早的应用。在20世纪30年代至1986年的工厂停产期间，没有进行实质性的增添或改动。因此，弗尔克林根钢铁厂展示了特定时期炼铁技术发展的一个非常完整的画面，这对钢铁行业具有极其重要的意义。"咨询机构认为：弗尔克林根钢铁厂符合《实施〈世界遗产公约〉操作指南》中关于文化遗产的标准，"标准二：在弗尔克林根钢铁厂开发或首次成功地以工业规模应用的生铁生产中的若干重要技术创新，目前已在全世界得到普遍使用。第四条标准弗尔克林根钢铁厂是19世纪和20世纪初主导该行业的生铁综合生产厂的一个突出范例"。这一意见被世界遗产委员会接受，最终"弗尔克林根钢铁厂"以符合《实施〈世界遗产公约〉操作指南》文化遗产标准ii和iv列入《世界遗产名录》。

回顾《世界遗产名录》上的工业遗产，不难发现名录上不仅有"弗尔克林根钢铁厂"这样以工厂和相关设备为核心的典型的近现代工业遗产，也包括古代（甚至可以上溯到史前时代）的矿业遗址、多个建筑群组的系列遗产、以建筑艺术价值为核心的工厂建筑、以工人居住区为核心的工业城镇，还有以工业景观为特征的文化景观项目以及以工业原材料和制成品运输为目的的遗产运河、线路遗产等，工业遗产本身涵盖了文化遗产各个主要的类型。

2000年，比利时列入《世界遗产名录》的"斯皮耶纳新石器时代的燧石矿"是一处史前矿址，也是在西北欧发现的时间最早、规模最大的古代矿址。新石器时代，人们在这里开凿燧石用以制造工具。在100多公顷的范围内，地下是矿洞构成的复杂网络，这些地下矿洞又通过竖穴与地面相连。咨询机构的评估意见认为"斯皮耶纳新石器时代的燧石矿"符合文化遗产标准i、iii、iv：

标准i：斯皮耶纳新石器时代的燧石矿是早期人类的发明活动和应用的杰出见证。

标准iii：新石器时代文化的来临标志着人类文化和技术发展的一个重要里程碑，斯皮耶纳巨大的古代燧石矿群生动地展示了这一点。

标准iv：斯皮耶纳燧石矿是新石器时代燧石开采的杰出范例，它标志着人类技术和文化进步的一个具有重大意义的阶段。

瑞典2001年列入《世界遗产名录》的"法伦的大铜山采矿区"是一处工业文化景观，它的开采活动从9世纪一直持续到20世纪末期。它包括了具有典型景观特征的巨大露天矿坑、工人居住区，以及由于采矿和工人生活需要在17世纪时规划形成的法伦镇。它展现了露天矿区及欧洲工业区中人们的生活方式。瑞典在申报文件中认为这一项目符合文化遗产标准 iv：法伦大铜山及其文化景观是一个由各种技术要素、历史工业景观和独特建筑与居住形态构成的杰出范例。

法伦铜矿，又称大铜山，是瑞典乃至世界上最古老、最重要的铜矿，具有重要的国际意义。它是世界上最著名的具有纪念性的工业遗存之一。按照瑞典和国际标准，被这一矿区围绕的由人所建造的景观具有标志性和独特性。法伦铜矿发展并影响了国际采矿技术，在世界经济中发挥了重要作用。

值得注意的是，这一项目得到了咨询机构的特别关注，认为这一遗产不符合《实施〈世界遗产公约〉操作指南》规定的价值标准 iv，但符合标准 ii、iii、v：

标准 ii：法伦铜矿受德国技术的影响，但它在17世纪成为铜的主要生产者，并对世界各地的采矿技术产生了深远的影响。

标准 iii：9世纪开始，到20世纪末结束，铜矿开采和生产决定了整个法伦环境景观。

标准 v：丰富的工业、城镇、家庭遗存见证了法伦地区铜矿工业从早先的手工作坊到完全工业化的过程所反映的社会、经济发展过程的各个阶段。

显然在这个遗产申报项目中，瑞典希望"法伦的大铜山采矿区"作为文化景观中的历史性工业景观的新的类型来进行申报。而咨询机构国际古迹遗址理事会则把这一遗产的价值分解为工业技术的传播与发展（标准 ii）、工业文化的见证（标准 iii）以及聚落发展演变的范例（标准 v）。尽管世界遗产委员会以咨询机构的意见为依据认定了"法伦的大铜山采矿区"符合的价值标准，但瑞典对这一遗产的价值阐释却同样具有重要的意义。

把工业遗产视为一种文化景观，申报范围除工业遗产主体之外，包括其所影响的环境，从整体的角度认知工业遗产及所影响和决定的环境的价值。这种方法无论对于遗产的保护、价值阐释，还是管理和利用都有重要的意义。除了前面提到的作为工业景观概念最初出现的"乔治铁桥峡谷"和"法伦的大铜山采矿区"这两个项目之外，在《世界遗产名录》当中还有6处被列为文化景观的工业遗产：捷克和德国跨境的厄尔士/克鲁什内山脉矿区（2019年）、法国的北部 - 加来海峡的采矿盆地（2012年）、日本的石见银山遗址及其文化景观（2007年）、英国的卡莱纳冯工业区景观（2000年）和康沃尔和西德文矿区景观（2006年），以及乌拉圭的弗莱本托斯文化工业景区（2015年）。

这六个项目中前五个主要是早期工业化过程中的矿业遗存及配套的冶炼设施，第六个为肉类加工厂及周边的牧场。在价值表达方面，这些工业景观项目强调了第 ii、iii、iv 条标准。这些项目都出现在2000年之后，反映了世界遗产领域工业遗产保护观念的发展。

工业遗产作为一种特定的遗产对象，在大多数情况下超出了传统的艺术、审美价值范畴，在这种情况下如何阐释它们的价值也就成为工业遗产项目申报世界遗产名录以及保护、管理、利用的基础。对《世界遗产名录》上现有的47处工业遗产各个项目使用的价值标准进行分析，可以发现《实施〈世界遗产公约〉操作指南》中的标准iv是一个被普遍使用的价值标准，在47处遗产中有43处使用了标准iv，使用率超过91%，其次是标准ii，有35处遗产使用了这一标准，使用率为74%，标准i和标准iii分别为26%和30%，标准v和标准vi则是较少被使用的标准。甚至在文化景观这样一个通常使用标准v较多的类型中，被列为文化景观的6处工业遗产中，只有1处使用了标准v，而使用标准ii和标准iv的各有5处（图一、图二）。

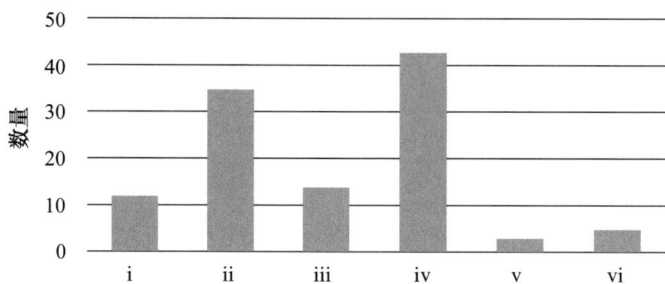

图一　工业遗产中价值标准分布

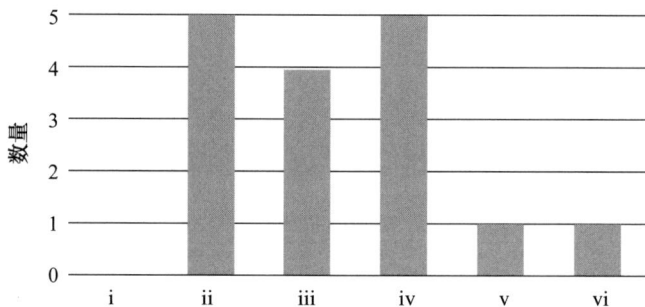

图二　文化景观类工业遗产价值标准使用分布

这种价值分布状况反映了人们对工业遗产的基本认知，无论是遗址、建构筑物还是城镇、文化景观，人们都习惯将工业遗产作为一种类型的范例或是近现代思想技术的传播。这反映了对工业遗产价值的认知还存在着极大的研究空间，突破这种思维定式，或许会带来新的关于工业遗产价值的理解。

相对于工业革命对人类发展而产生的巨大影响，以及这种影响造成的人类环境的改变，工业遗产尚未得到充分的关注。47处工业遗产相对869处文化遗产而言仅占5%，工业遗产依然是《世界遗产名录》中尚未得到充分表达的遗产类型。这种现象同样也存在明显的地区间的不平衡。但即便在工业遗产数量最多的欧美地区，工业遗产也仅占到这一地区《世界遗产名录》中文化遗产的8%，亚太地区工业遗产则仅占到这一地区世界遗产中文化遗产数量的2%。而中国作为世界上拥有世界遗产最多的国家之一，尚未有一处工业遗产被列入《世界遗产名录》。值得注意的是在世界遗产中心公布的60处中国世界遗产预备清单中，与工业遗产相关的也仅有中国古代瓷窑遗址、景德镇御窑遗址和白酒作坊三处古代或传统工业遗迹，没有反映近现代工业发展，特别是重要工业建设成就的项目被辨识。因此，从填补亚太地区世界遗产空白点和中国世界遗产空白点的角度，研究讨论工业遗产的价值和保护、利用的途径都具有重要的价值。

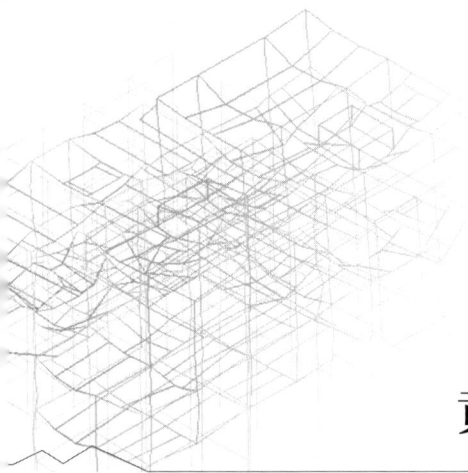

黄石系列工业遗产探索

郭 旃

（国际古迹遗址理事会　中国文物学会世界遗产研究会）

本次会议主题是加强黄石工业遗产保护，研讨对象是黄石工业遗产，包括铜绿山古铜矿遗址、汉冶萍煤铁厂矿旧址、大冶铁矿天坑和华新水泥厂旧址。

国际工业遗产保护委员会发布的《下塔吉尔宪章》给工业遗产的定义为："工业文明的遗存，它们具有历史的、科技的、社会的、建筑的或科学的价值。这些遗存包括建筑、机械、车间、工厂、选矿和冶炼的矿场和矿区、货栈仓库，能源生产、输送和利用的场所，运输及基础设施，以及与工业相关的社会活动场所，如住宅、宗教和教育设施等。"这是关于工业遗产的第一部著名文献。2011年，国际古迹遗址理事会和国际工业遗产保护委员会联合发布的《都柏林准则》，对工业遗产的定义又给予了进一步的界定："工业遗产包括遗址、构筑物、复合体、区域和景观，以及相关的机械、物件或档案，作为过去曾经有过或现在正在进行的工业生产、原材料提取、商品化以及相关的能源和运输的基础设施建设过程的证据。工业遗产反映了文化和自然环境之间的深刻联系：无论工业流程是原始的还是现代的，均依赖于原材料、能源和运输网络等自然资源，以生产产品并分销产品至更广阔的市场。工业遗产分为有形遗产，包括可移动和不可移动的遗产，和无形遗产的维度，例如技术工艺知识、工作组织和工人组织，以及复杂的社会和文化传统，这些文化财富塑造了社群生活，给整个社会和全世界带来了结构性改变。"

上述文件中，工业遗产的定义既包含了无形文化遗产，也包含了可移动的有形文化遗产，而对于黄石系列工业遗产，更主要的是不可移动的有形文化遗产。

从文化遗产的角度看，世界遗产是当今世界和文化环保事业中一项热情持续高涨的有效事业，闪现着光环，也呈现出纠结和矛盾。

从时代发展可以追溯到一条基线，是它专业的基线，也是世界遗产体系整个事业的依托。从希腊传统社会的遗产保护意识到法国的风格式修复，到后来对风格式修复的否定，以及发展到1933年的《雅典宪章》，后来的意大利的保护体系，凯撒·布兰迪的修复理论，最后到集大成的《威尼斯宪章》。诸多的国际文献，动态的演进，国际同行和国际社会在遗产保护领域所达成的共识，这个科学的体系是世界遗产世界最基本的基线。但与此同时，以《世界遗产公约》及其《操作指南》为纽带和形式的国际平台，政府间合作、协作机制、工具和手段，又与理论体系并不完全一回事。鉴于它是政府间的行为，又不可避免地受到国家利益和国际关系的影响，甚至每一个参与世界遗产的地方政府、组织机构甚至个人概莫能外，多多少少会受到某种利益的、声誉的影响。在掌握突出普遍意义和具体科学标准的明确性和尺度上，也常常会出现动摇。

世界遗产是国际社会在文化遗产领域的共识，它带给我们新的认识高度、广度和深度。可以说，每一次世界遗产的申报，都是其家乡的人们从人类文明进化历史、人与自然的关系这一新的角度和范畴，对自己身边的遗产——那些可能因为与生俱来，而司空见惯，甚至熟视无睹的生存环境和事物——在世界范畴的对比研究中，重新认知和界定其意义、价值的过程。

因此，首先是要从世界范围的工业文明史及其历史作用和定位，给黄石工业遗产一个新的认定和建议。

目前，已经有不少的工业遗产被列入《世界遗产名录》，每处遗产有自己的意义和价值的认定和表述。比如，德国埃森关税同盟煤矿工业区，它完整保留着历史上煤矿的基础设施，那里的20世纪的一些建筑展示着杰出的建筑价值。工业区的景观见证了过去150年中曾经作为当地支柱工业即煤矿业的兴起与衰落。它使用了标准ii和标准iii。标准ii是一种规划技术理念等方面的影响、促进和交融。过去的关注可能是单向的，现在要讲相互之间的影响和交融。那么这里强调的是，它是历史煤矿和建筑物在相互交融方面的一个杰出范例。标准iii讲的是一种文明传统，它这里强调的是传统煤矿业的兴衰。

日本的明治工业遗产，强调展示了19世纪中期封建主义的日本，从欧美引进技术，并将这些技术融入本国需要和世界传统中的过程，这个过程被认为是非西方国家第一次成功引进西方工业化的范例。它使用了标准ii和标准iv，标准ii强调了东西方文化技术的交流，标准iv强调了它是非西方国家第一个工业化成功的范例。这些都可以作为我们的借鉴。

在工业遗产中，相关的可移动有形文化遗产，虽然不属于世界遗产范围，但是它在对于证明属性、时代、特征、科技发展、历史沿革意义和价值方面，起着珍贵的佐证作用。

比如埃森工人们使用过的工具，黄石工业遗产片区大量的可以移动设备的机械、工具以及一些生产、生活的证明，都是界定工业遗产的时代、身份、定位、意义、特征、价值等方面的一些佐证。

讨论到黄石系列工业遗产，能联想到的是一个东方古老大国由传统农业和手工业社会转向近现代工业社会的重大历史变革当中的历史性作用、意义和地位，它见证了这一段历史。此外，这一深刻变革，对延续了2000余年的封建帝王专制制度，一个东方大国的封建专制制度，向现代国家转型，形成了深刻直接的社会影响，新的生产力、社会阶级和群体、社会架构等方面历史性的演变。与此同时，当地特有的矿业冶炼的悠久传统和特殊的自然资源条件、交通条件和人的创造所形成的特殊的文化景观。从技术角度而言，源自外来世界的科学技术，对中国社会科技有重大影响，见证了中国留存着的不同门类的工业遗产世界意义。那么，中国的这种深刻的工业化进程改变对世界史的重大影响，可以从全世界的对比分析研究的框架当中，找到这样一种遗产的定位。

中国有一个著名的说法。在中国近现代工业化的开端，民族的工业化创立中，有四个里程碑式的人物。讲到中国的民族工业、重工业，不能忘记张之洞；讲到轻工业，不能忘记张謇；讲到化学工业，不能忘记范旭东；讲到交通运输业，不能忘记卢作孚。其中，张之洞所发起的中国工业化运动，中心地就是湖北。而黄石工业遗产，是这一中心目前保存最完整、延续时间长、门类齐全、最具代表性的历史建筑和系列遗存。张之洞的工业化运动，还被认为在中国历史上厥功至伟，他在湖北新政府所孵化的社会生产力、工人阶级、民族资产阶级、新式知识分子、倾向革命的士兵，最终成了封建王朝的掘墓人，使中国历史走入了新纪元。那么，这样的一个东方大国走入新纪元，它的影响和意义会远远超出中国本身。

在全球突出普遍意义可以在对比研究中被认证的前提下，标准ii在一段时期内或者世界某一文化区域内，人类价值观的重要交流对建筑技术、城镇规划或景观设计发展产生重大的影响或许是可以考虑的。标准iii也有这样的条件和渊源，也就是说能为延续至今或者是已消失的文明，或者文化传统，提供独特的或者至少是特殊的见证。如果能够进一步扩展关注到同类现象更广泛的存在和影响，标准iv或许也可以论证。那它应该会是一种建筑或者技术整体景观的杰出范例，展现人类历史上一个或者几个重要阶段。

黄石工业遗产的真实性，不存在什么问题，尽管由于持续的开矿活动，一些环境景观发生了剧烈的变化，但这一过程同样也形成了特殊的文化景观。黄石系列工业遗产的完整性需要对它的环境景观提出更完美的追求和要求。工业遗产的著名文献《下塔吉尔宪章》在这方面提供了一些论据，它认为特殊生产过程的残存、遗址的类型或景观，由此产生的稀缺性增加了其特别的价值，应当被慎重地评价。《都柏林准则》也特别强调"呈现与传达遗产维度、工业构筑物、厂址、区域和景观价值以提高公众和企业的认知并支持培训和研究"，我想这也会是研究的一个出路。

在不可移动的物质文化遗产保护方面，国际共识有一些保护原则，首先是把它们视为人类的共同遗产和历史的见证。再一点，任何遗产都在逐渐消亡过程中，在人们的干预当中，真实性也在逐渐衰退，那么准确的记录和建档是必要的，保护遗产首要是保持其真实性，而且真实性是历史全过程的真实性。为了尊重真实性，必须坚持最少干预的维修原则。为了避免过多的干预，对日常维护的重要性就要给予格外的、充分的关注。修复对科研和学术的高度依赖、修复的和谐与可识别性、修复措施的可逆以及遗产和传统环境的统一性及不可分割性等都是黄石工业遗产将来在具体的保护方面所应该遵循的原则。

我国关于保护真实性的文件中，有一个著名的原则叫作不改变文物原状的原则。何为"原状"，至今没有简洁、明晰的共识。我认为，一般情况下，文物原状应当是在科学体系和法律框架下，被当代社会和国家认定为文物保护对象时的现状；现状如果存在威胁文物安全和可持续保存的因素，应予整治；整治须遵循"最少干预"原则。被界定为文物保护对象之后，又经维修变动者，应以最近一次维修活动后形成的状态为原状。

保护管理需要专门的法规体系，要认定遗产要素，划定遗产范围，设立必要的缓冲区，建立专业队伍、保护机构和协同机制，常设有效的监测机制等。

与遗产相关的环境保护是当前遗产界普遍关注的问题，也是黄石工业遗产面临的重大问题。曾经有国际专家指出我国某些遗产地"景点里面美极了，景点之间丑极了"，前者是先祖的创造和依存，后者是我们的环境管理和控制，这令人汗颜。

值得强调的是，遗产的可持续再利用不能牺牲工业遗产的普遍价值和核心价值。世界遗产的申报和管理，必须以可信的、证据确凿的系统研究论证为基础，以统筹、合理的规划为前提，组建专业的团队进行多学科合作。这些都有待政府和公众共同努力，积极参与。

［根据第二届中国（黄石）工业遗产保护与利用高峰论坛上的主旨演讲整理］

法国北部-加来海峡的采矿盆地申遗档案研究

刘伯英

（清华大学建筑学院）

一、简介

北部-加来海峡大区位于法国北部，东北与比利时接壤，与英国隔海相望，下辖北部省和加来海峡省，其首府是里尔。大区占地12414平方千米，相当于法国领土总面积的2.3%，从18世纪初直到20世纪90年代，这里一直是法国的煤矿工业重镇。

这一地区有一条狭长的采矿区，呈东西方向延展。1720年，人们发现这一地区蕴藏着丰富的浅层煤矿，于是原本荒无人烟的地方因为煤矿开采而渐渐热闹起来，逐渐形成了居民区和城镇，原本鸟语花香的自然景观在工业化的发展下，被与日俱增的矿井和矿渣取代。每隔几年，这里就会出现一个新的池塘——不是大自然的鬼斧神工，而是采矿过度造成的地表下沉；运矿的隧道也犹如戳进大地的吸管，整日隆隆作响。19世纪是北部-加来海峡矿区工业经济发展的顶峰，人们丰衣足食，但地表却满目疮痍，成了法国污染最严重的地方。

1968年，法国政府正式出台法令要求这个地区关闭矿井，1990年12月21日，当地最后一处煤矿被永久关闭。当地政府希望消除一切旧工业时代的遗迹，让"黑城"华丽转身为"净地"。在这种政策的指导下，几百座矿渣堆、采矿场遗址、矿井旧址被炸平，或者被整个运走。后来，一些有识之士呼吁保护能代表工业时代"缩影"的旧址，让人们保留历史的记忆，这些老矿井、矿渣堆的纪念意义渐渐被人们所认识。过去的15年里，政府陆续出台政策，保护已经与自然融合的矿渣堆和下沉湖，改造再利用破败的矿工居民区，复原老矿场用作文化场地或出租给商业机构（图一、图二）。2012年，该盆地被列入《世界遗产名录》，当地居民更是希望这一头衔能够帮助这些矿渣堆、采

图一　改造后的矿渣堆

（来源：*Bassin minier du Nord-Pas de Calais*）

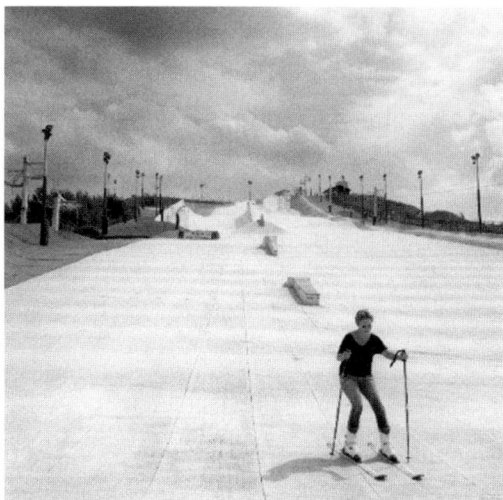

图二　矿渣堆改造成为旅游资源

（来源：*Face Nord*）

石坑、火车站、工人住房以及矿村成为旅游名胜，从而带动当地经济发展。

二、申遗资料

1．遗产类型

根据1972年《保护世界文化和自然遗产公约》[1]第1条规定的文化遗产类别，北部-加来海峡的采矿盆地对109个组成部分（纪念物、遗址、场所）联合提名。根据《实施〈世界遗产公约〉操作指南》[2]，该项目也被提名为文化景观。

2．申遗流程

根据联合国教科文组织文件，世界遗产的申报需要完成9个步骤。

1）国家首先要签署《保护世界文化和自然遗产公约》，并保证保护该国的文化和自然遗产，成为缔约国。

2）缔约国要把本国具有突出普遍价值的文化和自然遗产列出一个预备名单。

3）预备名单中筛选出提名《世界遗产名录》的遗产。

4）将申请表寄给联合国教科文组织世界遗产中心。

5）联合国教科文组织世界遗产中心检查提名文件是否完全，并送交世界自然保护联盟（International Union for Conservation of Nature，IUCN）和国际古迹遗址理事会（International Council on Monuments and Sites，ICOMOS）评审。

6）专家到现场评估遗产的保护和管理情况。按照文化与自然遗产的标准，世界自然保护联盟和国际古迹遗址理事会对上交的提名进行评审。

7）世界自然保护联盟和国际古迹遗址理事会提交评估报告。

8）世界遗产委员会主席团的7名成员审查提名评估报告，并向委员会提交推荐名单。

9）由21名成员组成的世界遗产委员会最终决定入选、推迟入选或淘汰的名单。

3. 项目的申遗资料

提名：北部-加来海峡的采矿盆地于2002年列入预备名单，2010年1月25日世界遗产中心收到提名。

咨询：国际古迹遗址理事会咨询了国际工业遗产保护委员会（The International Committee for the Conservation of the Industrial Heritage，TICCIH）和几位独立专家，2012年2月1日收到了世界自然保护联盟的评估意见，国际古迹遗址理事会在2012年3月达成最终决定时充分考虑了这些信息。

现场评估：国际古迹遗址理事会技术评估团于2010年9月19~23日访问了该遗产，2011年9月17~19日在现场再次进行了访问。

补充资料：国际古迹遗址理事会于2011年1月28日致信要求申请国提供关于两个方面的补充资料——可能存在的与实际采煤相关的工业组成部分（焦化厂、发电厂等）、申请国关于采矿导致的土壤沉降问题的长期策略。法方于2011年2月25日进行了答复，并纳入了评估报告。

批准日期：国际古迹遗址理事会于2012年3月14日批准了申请报告[3]。

三、遗产介绍

北部-加来海峡的采矿盆地对应于西北欧煤层的法国部分。这一狭长的采矿区域沿东西方向延展约120千米，宽度窄于12千米。它横跨北部省和加来海峡省，主要城市有瓦朗西纳（Valenciennes）、杜埃（Douai）、朗斯（Lens）和北屯（Béthune）。

在18~20世纪的三百年中，北部-加来海峡的景观受到了煤矿开采的显著影响，在超过1200平方千米的遗址内有109个独立组成部分，包括矿井及升降设施、矿渣堆、煤矿运输设施、火车站、工人住宅及村庄；村庄又包括社会福利住房、学校、宗教建筑、卫生和社区设施、工人及企业家的住宅、市政厅等。北部-加来海峡的采矿盆地遗址见证了从19世纪中期到1960年探索创造模范工业城市的努力，更见证了欧洲工业时代中富有重要意义的一段历史。

1. 目录及类型学方法

北部-加来海峡的采矿盆地的109个组成部分，分布在13个地区（与前矿业公司对应），在联合申报的遗产清单中，包括353个有价值的单体，大量的单体可以通过类型学来归纳和解释。为了更清晰地了解该遗产，可以参考每个地区的单体数量（表一）。

表一   13个地区的遗产编号及数量统计

地区编号及矿业公司名称	遗产组成部分的编号	单体的数量
1. 昂赞（Anzin）	1～20	87
2. 阿尼什（Aniche）	21～33	44
3. 伊斯卡佩拉（Escarpelle）	34～37	8
4. 奥斯特里库尔（Ostricourt）	38～40	10
5. 杜尔日（Dourges）	41～49	37
6. 库里耶尔（Courrières）	50～57	21
7. 朗斯（Lens）	58～69	52
8. 列万（Liévin）	70～76	13
9. 北屯（Béthune）	77～87	29
10. 维科涅-诺厄尔斯-多库尔特（Vicoigne-Noeux-Drocourt）	88～91	22
11. 布律埃（Bruay）	92～100	21
12. 马尔勒（Marles）	101～105	5
13. 利宁-欧希（Ligny-Auchy）	106～109	4

在对北部-加来海峡的采矿盆地的遗产进行归纳整理的基础上，确定了有价值的遗址和单体。再通过专家参与和研讨会的方式，对单体和持续发展的整体文化景观进行了分析和确认。对象的类型有以下几项。

矿井（17）：包括所有的地面设施、矿井口、竖井和地下的基础设施。最早的矿井建于1850年，即盆地工业发展时期，自那以后，提取和建造技术的所有主要时期都和矿井息息相关。此外，法国指定了四个矿井作为主要纪念地点：戈埃勒（Gohelle）、瓦尼（Oignies）、阿伦伯格（Arenberg）和勒瓦尔德（Lewarde）——当前的采矿业历史中心（图三）。

井架（21）：大型金属或混凝土框架，为工人和开采出的矿石提供支撑的升降系统。这些矿井架子形成了高大、壮观和典型的矿业景观。

矿渣堆（51）：由煤矿的废弃炉渣形成的土丘。有些体积非常庞大，如朗斯（Lens）的11/19号矿井的双矿渣堆，其占地面积为90公顷，高度超过140米（图四）。渣堆是矿区的景观特征，由于周围皆是平原，因而具有强烈的视觉冲击力。

煤炭运输基础设施（其中14座，总距离为54千米）：采矿业需要非常密集的煤炭处理和重型运输网络，包括铁路和水路，它们为整个矿区的景观做出了贡献。

火车站（3）：在矿区，它们是与重型运输相关的特定建构筑物，在任何采矿小镇都是主要场所。其中，埃斯科河畔弗雷讷（Fresnes-sur-Escaut）、朗斯和杜甫伦（Douvrin）车站入选（图五）。

图三　勒瓦尔德采矿业历史中心
（来源：*Patrimoine Industriel*）

图四　朗斯的双矿渣堆
（来源：*Listen to the Story of the 11/19*）

下沉的矿池（5）：20世纪上半叶，因矿井下沉出现了池塘，这是高强度的地下开采导致的后果，也是矿业景观的显著特征（图六）。

图五　朗斯火车站
（来源：*Patrimoine Industriel*）

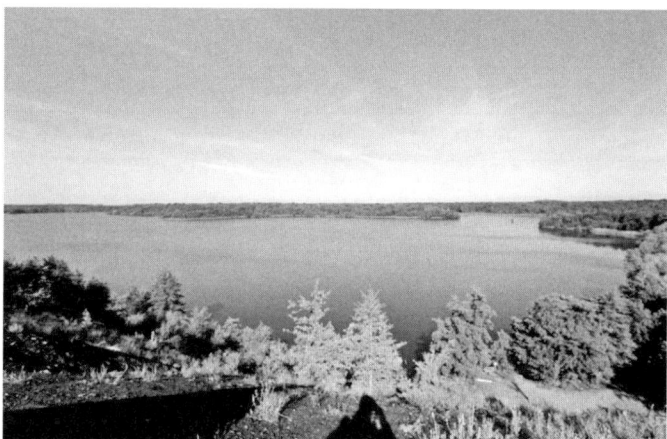

图六　土壤沉降形成的池塘
（摄影：刘伯英）

采矿村或社会栖息地（124）：采矿村是矿区工人的集合住房，立面通常为砖，对称而整齐地排列在道路两旁（图七）。这些住房是工业化带来的城市和社会变革的主要证明，它们的设计反映了19世纪社会思潮和新意识形态的对抗。北部-加来海峡的采矿盆地展示了大量的建筑类型——从传统的采矿村到独立住宅、花园城市和城市公寓。

学校（46）：在各个时期，矿业公司都建立了学校、职业培训中心以及针对女孩的科学学校等。这些是社会提供工人住房的辅助措施，同时也满足了矿山培训和家庭教育的需求。

宗教建筑（26）：许多宗教场所由矿业公司建立，以鼓励宗教实践、端正道德品行，也为了阻止矿工抛弃基督教信仰。这样的项目经常委托给著名的建筑师。

健康设施（24）：从采矿作业中继承的最重要的资产之一就是医疗机构和设施。早在19世纪初，公司设立慈善基金，为工人的福利保障奠定了基础，这些基金为矿工及

图七　工人住房今昔对比

（来源：*Bassin minier du Nord-Pas de Calais*）

其家属开设了许多医院、诊所、药房、产科诊所和牛奶场。

社区文化体育设施（6）：这些社区会堂和体育设施与矿区的文化体育活动息息相关，也是矿业公司政策的一部分。

纪念物或纪念场所（10）：矿工的生活包含着这个行业所特有的危险，如库里耶尔矿难，成为国家历史中值得纪念的一部分。

矿区社会经济生活的建筑（5）：这是矿业公司和工会、工人合作社的"超级办公室"。

业主和高级经理人的住所（18）：管理人员和工程师的房屋位于矿区附近，业主和高级管理人员的别墅则离矿井口和城市中心要远一些，这些建筑物还具有办公、会议、沙龙等功能。

市政厅（2）：包括卡尔万（Carvin）和布律埃拉比西埃（Bruay-La-Buissière），它们反映了典型的采矿盆地的市政厅结构形式。

其他设施（3）：包括欧希公社（Auchy-les-Mines）铁路停靠站、沙布拉图（Chabaud-Latour）的一个信号箱，还有一个筒仓。在2011年2月答复国际古迹遗址理事会的文件中，法国解释了为什么传统上与煤炭相关的工业设施（洗涤槽、焦化厂、颗粒厂、发电厂等）几乎不再在盆地的景观中出现，因为这些开采的设施在矿区衰退时会首先被拆除或转型另作他用，盆地上已经很少有这样的设施了。

2. 景观研究方法

在13个地区内，形成了13个由单体组成的集合，这些集合组成了连续的文化景观，适合用系统性的归类方法来定义它们。首先，检查持有特许权的采矿公司的起源和历史背景，接下来，从两个方面对景观环境进行详细的解释，一是现场开采的历史，二是在采矿业增长的背景下景观的演变。

3. 历史和发展

（1）煤矿开采的开始（18世纪初至19世纪70年代）

到18世纪初，法国北部对使用无烟煤的兴趣并不大，但木材日益稀缺导致了变化的开始。第一家矿业公司出现在瓦朗西纳地区，包括昂赞，当时用的是传统的方法进行浅度开采。

地理政治学意义上的改变发生在拿破仑帝国结束（1815年）时，法国失去了煤炭和钢铁资源（位于今天的比利时）。英国工业革命的先例给了法国找到煤层的动力，于是瓦朗西纳地区的采矿业快速膨胀，在19世纪40年代，终于发现了加来海峡狭长的煤矿资源带，使这一地区的煤矿资源具有了国家级的重要意义。

许多矿业公司都成立于法兰西第二帝国（19世纪50~60年代）时期，并在1870年后稳步增长。通过连接巴黎地区的水路和铁路，北部-加来海峡的采矿盆地成为法国领先的矿区。

（2）从各公司的密集开采到第二次世界大战（19世纪80年代至1939年）

1880年，北部-加来海峡的采矿盆地煤炭总产量接近800万吨，并且稳步增长，第一次世界大战前夕，已经占法国总产量的三分之一。法国作家爱弥儿·左拉（Émile Zola）曾在《萌芽》（*Germinal*，1885）中描述过北部-加来海峡矿工艰苦的工作条件。这本小说在19世纪末成为欧洲工业的写照。盆地当时是传播工人联合会和社会主义理想的中心，权力集中的管理风格也是其特征之一。矿山的开采是困难而且危险的，几次灾难揭示了盆地矿工的生活和历史，包括1906年3月的库里耶尔（Courrières）矿难以及上千名遇难者，这是全世界采矿历史上最悲惨的事件之一。事件发生后，矿工们进行了大规模的罢工，抗议他们的工作条件。工人纷纷在巴黎公社的红旗下游行，揭示出与煤矿老板十分紧张的雇佣关系。

1914~1918年的战争期间，北部-加来海峡盆地被战线切成两半。被敌军占领的东部区域被洪水淹没，遭受了严重的损坏，需要战后漫长的重建。而西部区域的开采则以更快的速度进行，并集中用于恢复国民经济。

1930年，北部-加来海峡盆地达到了3500万吨的产量顶峰，成为欧洲领先的煤炭生产地区之一，也因此产生了巨大的劳动力需求。近7.5万外国矿工，特别是波兰人，在这里作业。但是开采技术提升的困难与20世纪30年代的经济大萧条导致了产量和收益的下降，随着第一起公司兼并事件的发生，财务问题也开始出现，于是建立了"采煤集团"（Coal-mining Group）以扩大合同、促进销售、鼓励兼并，并帮助矿山实现现代化。

在第二次世界大战前夕，18个煤炭开采公司在北部-加来海峡的采矿盆地开展业务。当时，该盆地占法国煤炭总产量的60%和煤炭消费的40%，产量在1939年攀升至3200万吨。然而，该盆地有一些在欧洲最不利的作业条件，使得其开采成本相对较高，但因其煤炭等级的多样性以及与巴黎和工业区的亲密关系，使它拥有广泛的客户群。

（3）从第二次世界大战到国有化和生产复苏（1940～1960年）

1940年的自由法国运动期间，德国军队的快速增长只对采矿工业产生了边缘效应，占领者很快就确保恢复生产。这个时期的标志是由入侵引发的外逃和1941年的罢工，生产设施大体上毫发无损。

解放（1945年）后，无论是煤炭公司或情愿或被迫与占领者合作的过去，还是需要能源支持重建工作的现在，都要求利用集中的政治权力进行彻底的重组，北部-加来海峡的采矿盆地的所有煤矿在1946年被国有化为"法国国家采煤公司"（Charbonnages de France）。

一场"国家煤战"在艰难的开采条件下启动了。矿工的工作条件非常艰苦，特别是他们在工作中需要食物配给。这样的条件，加上前同盟国开始冷战，导致矿工大规模罢工（1947～1948年），随后被严厉地镇压。然而，包括北部-加来海峡在内的法国矿业恢复工作是具有标志意义的，同时也是西欧历史上的一个转折点，即坚定地停留在大西洋集团并专注于建立欧洲联盟。1951年由法国、联邦德国、意大利、比利时、荷兰及卢森堡缔约形成的欧洲煤钢联营（European Coal and Steel Community，ECSC）组织正是对这一愿望的切实肯定，其主要目标是通过共同掌管煤和钢这些重要的战争物资，实现互相控制，以保障欧洲内部的和平，也为二战后重建所需的重要生产资料提供保障。

随着20世纪50年代经济的快速增长，煤炭产量增加，矿工的物质条件得到改善，劳动力需求再次旺盛，导致了新一波的移民潮，而这次是来自地中海国家。1952年，该盆地的产量再次回到每年3000万吨。

（4）矿井的衰退和关闭（1960～1990年）

尽管法国工业在"光荣三十年"（1945～1975年）开始时需要煤，但由于与煤炭开采相关的困难以及许多煤矿的枯竭迹象，北部-加来海峡的采矿盆地的产量停滞不前。开采成本上升，法国国家采煤公司的投资需求也越来越难以提高，矿业的下降更是变得明显，从1960年开始出现赤字。同时，石油、天然气、电力等其他形式的能源反而变得越来越可取。煤炭市场下跌，客户纷纷转向优质的进口煤炭。

20世纪60年代是一个政策宽松的时期，强大的法国经济意味着年轻人可以找到其他形式的工作，而且不那么艰苦却更富有。1966年，北部-加来海峡的采矿盆地共雇用了6.5万名工人，其中20%来自摩洛哥，经济和金融状况自1967年开始恶化。1968年和1971年的罢工表明采煤业下滑成为必然。

专家们很清楚，采矿盆地在1980～1985年之后可能不再继续经营。意识到这种情况，各个公司、工会领导人逐步关闭谈判，并为矿工制订了大量的裁员计划。瓦尼（Oignies）矿井是1990年12月底最后关闭的。最终的数据是：北部-加来海峡的采矿盆地共挖掘了852个矿井，开采了24亿吨煤，并留下了326个矿渣堆。

在20世纪80年代，矿业盆地是一个在经济上被摧毁的地区，失业率非常高，年轻人纷纷离开。除了瓦朗西纳在多样化经营上的努力，其他区域在工业转型上的尝试都非常有限，加上国有公司对煤矿的管制，反而造就了与其他主要的欧洲矿区相比保存非常完好的采矿景观。

四、突出的普遍价值、完整性和原真性

1. 比较研究

缔约国对该文化遗产的审查已经列入《世界遗产名录》"缔约国暂行议定书"以及欧洲和世界采矿遗址名录。进行比较分析是基于该遗产的属性和景观方面的重要性。

大规模的采矿遗产是很难掌握和定义的，因此可以采用两种不同的方法。第一种是传统的方法，首先编制一份详细的清单，把建筑物、文物、遗址进行归类，直到能够详细说明采矿设备和基础设施。这是一种"采集"的方法，可以为遗产的博物馆化打下基础。第二种，虽然不忽视清单的重要性，但是认为采矿遗产是一个全球的动态的概念，将其放置于更广泛的范围内和持续的发展中，这样形成了总体方针和中心概念。

申请国认为，与洛林大区（Lorraine）的龙韦（Longwy）、卢瓦尔（Loire）的圣埃蒂安（Saint-Étienne）和索恩-卢瓦尔（Saôneet-Loire）的布朗济（Blanzy）相比，北部-加来海峡的采矿盆地是法国最大的，采矿景观组成部分的范围、密度和均匀性远远高于法国其他地方。

法国将北部-加来海峡的采矿盆地与已列入《世界遗产名录》的其他遗产在金属矿石和其他类型的矿山或采石场、煤炭和钢铁场址、工人住房、工业文化景观几个方面进行了比较。

法国还调查了暂定清单上的各种采矿或工业场所，包括德国矿业和文化景观、捷克共和国奥斯特拉瓦（Ostrava）的工业园区、巴西帕拉蒂（Parati）及其景观的黄金路线、南非纳马夸兰（Namaqualand）铜矿景观、西班牙采矿历史遗产和比利时瓦隆（Wallonia）的主要采矿场。

此外，欧洲和世界其他主要的采矿场址也是调查对象。主要涉及英国的东北部、南威尔士、米德兰、约克郡、兰开夏郡和克莱德（苏格兰），德国的鲁尔，波兰和捷克共和国的西里西亚盆地，乌克兰的顿巴斯（Donbass）盆地，美国的宾夕法尼亚盆地，日本的空知（Sorachi）矿业盆地（北海道岛）。这些采矿场地虽然残存的技术成分能够被很好地识别，但能够定义采矿景观结构的其他成分通常不太好识别。这些盆地中的一些已经经历了工业转型和转化，并且，在当代，矿业和工业基础设施已经被拆除。这一点在北部-加来海峡的采矿盆地是没有的。

国际古迹遗址理事会认为，比较分析法恰当地证明了这一系列组成部分的选择是合理的，并且令人信服地阐明了不断演变的文化景观的概念。

2. 突出的普遍价值的论证

申请国认为提名的遗产具有突出的普遍价值，原因如下：

1）北部－加来海峡的采矿盆地延伸达120千米，具有地质上的连续性和各区域之间的联结性，并且提供了其矿业历史发展的信息。

2）该盆地在接近三个世纪的时间里经历的是煤炭开采的连续而单一的工业，这导致了自然环境变化的统一性，形成了特征明显而保存良好的景观。

3）从19世纪中叶到20世纪末期的连续大规模采矿产生了技术、工业、建筑、城市和社会秩序各方面非常完整的证明。

4）煤炭开采创造了新的人类居住区，形成了成熟的移民文化，这些都成为文化景观的一部分。

5）该盆地的技术性组成部分非常多，每个部分都有自己的特点，它们形成了一个连续的景观，体现了一直以来的采矿活动。它们的组织结构和视觉形态都是独一无二的。

6）盆地以工人住房和社区基础设施的丰富多样而著称，这一点为在采矿工人中传播工人联合会和社会理想提供了见证。

7）盆地是工业化在技术、社会、文化、景观和环境各方面所发生的变化的完美例证。

国际古迹遗址理事会认为申请国的理由是充分的。该遗产提供了对工业时代人类采矿的区域、技术、经济和社会发展完整而翔实的证明。其景观价值通过各个组成部分的数量和多样性来表示，而所有的组成部分几乎都和采煤有关。该遗产的多样性和完整性是独一无二的。

3. 完整性和原真性

（1）完整性

北部－加来海峡的采矿盆地是一个具有文化属性并且持续演变的景观，各个阶段的盆地历史都有很好的代表，许多组成部分在场所内仍然存在。国际古迹遗址理事会还注意到，传统上与采煤有关的主要技术装置和工厂、洗涤厂、焦化厂、颗粒厂、火电厂等能为工业时期提供证据的实体，几乎都在煤矿废弃的时候被破坏了。因此，尽管北部－加来海峡的采矿盆地的工厂不如其他矿业盆地那样多，多样性也不比其他盆地丰富，但它们仍然在编号申请的遗产之列。总体来说，物质证据的完整性集中在从19世纪末到矿山关闭期间的采矿和社会其他方面。

景观的完整性在三个世纪中不断发展，同时保持了相当的统一性。采矿盆地最初是建在农村，因此许多自然特征成为景观形成的背景。在此基础上，数量巨大的矿业公司以不同的方式占用土地，导致矿坑以及城市环境呈现多样性。另外，北部-加来海峡的采矿盆地的采矿业长期发展，使得即使废弃的工业设施，其转变率也非常低，为联合的矿业遗产提供了强大的统一性。

国际古迹遗址理事会认为，尽管对煤矿开采工业证据的完整性较弱，但该遗产组成部分的形态之丰富和数量之大，以及许多其他方面所表达的技术、区域、建筑和城市等方面的完整性水准之高，使其仍然能够令人满意地表达出它的经济和社会价值。实际上，景观的完整性在三个层面上得到了完美的表达：最基础的是技术设施或建构筑物；中间层面的是矿井、工人住所和地方领土；最后是广阔的视野（图八）。

图八　采矿盆地的景观风貌

（来源：ICOMOS网站）

国际古迹遗址理事会认为，这一系列的组成部分是凭借谨慎的方法，以单体的质量、价值以及对整个文化景观的参与度为标准选择出来的，它们作为联合体进行文化遗产的提名是合理的。

（2）原真性

第一次世界大战对北部-加来海峡的采矿盆地的东部和中部造成了非常大的破坏，第二次世界大战又给其设备造成了严重的损坏。在这两种情况下，都需要时间来进行重建和现代化建设，特别是在当时已经出现了建筑结构和采矿技术设备更新的趋势。20世纪20年代，钢筋混凝土已经广泛使用，取代砖成为新的建筑材料。这不仅是工业所特有的创新和变化，也是世界范围内这一时期的标志，因此这一点有助于证明该遗产的原真性。

此外，保存下来的文件数量和丰富程度决定了能否详细分析采矿盆地的演变。因此，不断变化的文化景观全面记录在案，这是研究各个时期物质数据的客观支撑。

第一次世界大战后，部分集合住房和公共建筑被重建，采取的方法是"建新如旧"（rebuilt as it was），但改善了卫生环境和舒适性，希望以此消除战争带来的痛苦回忆。但一些业主后来对房屋进行了不同程度的改造，又影响了一些街道和地区的原真性，因此选择申报遗产的组成部分时减少了这方面的内容。战后重建的公共建筑几乎都保留了其原有的功能，这些房屋即使在近期使用中也没有破坏它们的原真性。其余的工业建筑和技术设备即使有些从20世纪80年代起就遭到了遗弃，但仍具备原真性。

国际古迹遗址理事会认为，遗产的原真性应该将各种类型、各个部分（109个）和各处景观都纳入考虑。由于这些组成部分都经过了严格的筛选，因此表现出了良好的原真性，唯一不足的是住房方面保存得不够完善，而潜在的威胁是经济发展对景观的影响。

4. 申请文化遗产的标准

北部－加来海峡的采矿盆地申请文化遗产是根据世界文化遗产标准ii、iv和vi。

标准ii能在一定时期内或世界某一文化区域内，对建筑艺术、纪念物艺术、城镇规划或景观设计方面的发展产生过大影响。

申请国认为这一标准是符合的，理由是，北部－加来海峡的采矿盆地证明了大约一个世纪以来对大型工业公司职工住房的发展和对西北欧文化的发展都产生了相当大的影响。作为寻找模范工业城市的全面参与者，矿业盆地从19世纪中叶到20世纪60年代特别能代表工商业者和建筑师的思想与理念。从山地上的集合住宅到带花园的独立住宅，再到城市里的社区，甚至到理想城市，工商业者和建筑师的思想在时间和空间上都在北部－加来海峡的采矿盆地留下了证据。关于职工住房的理念、实践和试验的密集度是该盆地的显著特点。

国际古迹遗址理事会认为，首先，该遗产为大型矿业公司从19世纪中叶到20世纪70年代的工人住房和城市规划提供了充分的证明；其次，采矿景观证明了采煤技术和方法的传播；最后，它反映了大公司组织的国际人口迁移。

标准iv可作为一种建筑或建筑群或景观的杰出范例，展示出人类历史上一个（或几个）重要阶段。

本条标准也被申请国证明是符合的，理由是，北部－加来海峡的采矿盆地提供了采矿设施和建构筑物共存并相互影响的充分证明，直接关系到18世纪末到20世纪中叶这个重要时期的欧洲工业历史。由于大规模的地下煤炭开采，出现了一种新型的人居类型，以挖掘技术部分、工作空间、交通基础设施、公共和私人生活空间之间密切的联系为特征，它们构成了速度快、规模大的城市化进程，反映了传统城市化的阶段性变化。构建景观的新元素，如矿井架、矿渣堆、采矿村、沉降池等，都是因大规模采矿而出现的，也证明了这一时期欧洲的工业化进程。

国际古迹遗址理事会认为，北部－加来海峡的采矿盆地提供了19世纪中叶到20世纪末大型矿业公司开采地下煤矿的证明。它们通过工业和城市的发展动员和组织了广泛的劳动力，构建了工作和生活的空间，发展出矿山景观，在多样性、密集度方面都保存得很好。

标准vi 与具有特殊普遍意义的事件或现行传统或思想或信仰或文学艺术作品有直接或实质的联系（只有在某些特殊情况下或该项标准与其他标准一起作用时，此款才能成为列入《世界遗产名录》的理由）。

申请国认为这一标准是符合的，理由是，采矿盆地与对欧洲大陆工人条件的描述密切相关，特别是受到1884年罢工启发的法国作家埃米尔·左拉的小说《萌芽》，描述了北部-加来地区矿工的生活以及资产阶级和劳动人民的冲突。更广泛地说，北部-加来海峡的采矿盆地提供了工人团结一致传播工人联合会和社会主义思想的切实证明。

1906年3月10日的库里耶尔（Courrières）矿难，导致了大规模工会运动。爆炸共造成1099人死亡，占当时正在作业的矿工总数的三分之二，其中包括很多童工，这起事故被认为是欧洲历史上最严重的矿难，在法国和国际上都被广泛报道。这是矿业安全和矿工历史上一个不可否认的转折点，揭示了矿场恶劣的工作条件和矿井中一直存在的危险，也使得有关安全的法规在欧洲和北美具有了空前的重要性。

国际古迹遗址理事会认为，与采矿盆地历史有关的技术、社会和文化事件均产生了国际影响，它们证明了采矿作业的社会和技术条件，成为1850～1990年矿工工作环境和工人联合的标志性场所，也证明了工会主义和社会主义理想的传播。

最后，国际古迹遗址理事会认为，所申报的遗产符合世界文化标准ii、iv和vi，以及完整性和原真性的条件，同时也证明了其突出的普遍价值。

五、结论

国际古迹遗址理事会认为，由109个部分组成的北部-加来海峡的采矿盆地呈现了持续发展的文化景观，具备突出的普遍价值、完整性和原真性，在采矿业的社会事件和历史中占据独特地位。根据世界文化遗产的标准ii、iv和vi，将法国北部-加来海峡的采矿盆地作为文化景观列入《世界遗产名录》。

注　释

[1] 联合国教育、科学及文化组织：《保护世界文化和自然遗产公约》，1972年。
[2] 联合国教育、科学及文化组织，保护世界文化与自然遗产政府间委员会，世界遗产中心：《实施〈世界遗产公约〉操作指南》，1977年。
[3] 国际古迹遗址理事会网站。

工业遗产保护与利用
——以华新水泥厂为例

李向东

（中国文化遗产研究院）

近现代工业遗产是文化遗产的重要组成部分，是工业技术和社会文化的物质载体，并对区域经济、社会形态等发展起着促进作用。2013年公布的第七批全国重点文物保护单位中有相当数量的工业遗产，华新水泥厂旧址是这些近代工业遗产的典型代表，因此需要进行有效的保护。2013年中国文化遗产研究院对华新水泥厂旧址开展了前期调查研究和勘察设计工作，到2018年完成了主体厂房、设备的保护工程，并就其展示利用开展了相关工作，并通过这些工作对工业遗产的保护与利用产生了新的认识。

一、华新水泥厂旧址的价值认知

华新水泥厂（图一）前身是大冶湖北水泥厂，始建于1907年（清光绪三十三年），是中国近代最早的三家水泥厂之一。1914年水泥厂经营受理权转给华丰实业（唐山启新洋灰公司幕后策划组织成立），更名为华记湖北水泥厂。1938年由于日军入侵，华记湖北水泥厂搬迁到湖南辰溪重建，1940年更名为华中水泥厂。1943年华新水泥股份

图一　华新水泥厂全貌

有限公司成立，华中水泥厂更名为华新水泥股份有限公司华中水泥厂，1946年9月在黄石枫叶山选址建新厂区，2005年华新水泥厂枫叶山厂区停产，其历史沿革清晰，其价值主要体现在以下几方面。

（一）建筑材料的革命性

华新水泥厂是中国建筑材料革命的历史见证。世界最早的水泥诞生于1824年，英国建筑工人约瑟夫·阿斯谱丁发明了水泥并取得了波特兰水泥的专利权。水泥是胶凝材料，在建筑工程中经过物理、化学过程能将散粒材料如砂、砖、石或块状材料胶结成一个整体。自第二次鸦片战争开始，外国使节开始进驻中国，随着使领馆、教堂、铁路的建设，水泥开始在中国大量使用。由于是从外国输入，故也称为"洋灰"。

清末洋务运动中，军事工业和民用工业建设中大量使用水泥，使中华民族水泥工业兴起。中国水泥工业历史最早是1886年广东商人在澳门青洲岛创办的水泥厂。1889年，清政府在唐山创办"唐山细棉土厂"水泥厂。大冶湖北水泥厂是清光绪三十三年（1907年），清政府为增强国力，发展民族工业，在张之洞的力荐下建设的，是华新水泥厂的前身，也是中国最早的水泥厂之一。水泥也是中国建筑材料的一种革新，之前，中国的建筑材料基本是以砖、木、土石、胶凝材料（石灰、三合土、土）等为主，与水泥相比强度低、凝固时间长。水泥的生产使中国的建筑材料产生革命性的变化，水泥在中国开始大量用于建筑的各个方面。

（二）选址的科学性

丰富的原料，是建厂的基础。中国最早的澳门青洲岛水泥厂和1889年官办的中国水泥实业——唐山细棉土厂都有水泥原料石灰石，而大冶湖北水泥厂是湖广总督张之洞经过考察，发现大冶附近山上的岩石是制造水泥的上等原料，后经德国化学家化验后得出"大冶黄荆"，成为清大冶湖北水泥厂设立的基础。除优质的原料外，优越的地理位置也是水泥厂得以快速发展的原因。大冶位于中华腹地，长江南岸，漕运便利，陆路位于南北大动脉粤汉铁路线上，交通便利，为设备、产品的运输提供了便利。区域内厂址位于长江的黄石港区，背靠牛头山，南面磁湖，矿区位于磁湖南岸的金盆山，有大冶铁路和自建铁路相邻。

（三）设备的完整性

1946年华新水泥股份有限公司选定黄石枫叶山为厂址，正式建厂。1949年第一条水泥窑点火，1950年12月下旬第二条水泥窑建成投产。1975年3号窑破土动工，1977年7

月3号窑试车投产。华新水泥厂旧址现存有3台湿法水泥窑，其中1、2号窑设备1946年从美国进口，由美国爱丽斯公司生产，同时，还聘请美国专业设计事务所进行工厂规划设计，1981年1月，美国爱丽斯公司派出代表，来到华新水泥厂进行技术调查访问，其主体厂房、设备至今保存完整。3号窑是中华人民共和国自己设计实施的，体现了当时中国湿法水泥生产技术的发展水平。2006年华新水泥厂停产，但近60年的发展，其完整保存了各类建造物、设备、服务设施，是中国水泥工业发展中"湿法"水泥制造工艺应用的典型范例，为中国水泥工业的湿法工艺发展历程提供了完整的见证（图二～图四）。

图二　1号湿法水泥窑旧址

图三　2号湿法水泥窑旧址

图四　3号湿法水泥窑旧址

（四）城市区域文化的体现

华新水泥厂是中国最早的三家水泥厂之一，建立之初，其产品"宝塔牌"水泥曾先后荣获南洋劝业会金奖、银奖及美国巴拿马赛会一等奖。1950年12月第二条湿法旋窑生产线建成投产，此时工厂规模已达到远东地区第一。1953年公私合营后，1955年将生产的混合硅酸盐水泥送到日本、印度、巴基斯坦等国家参展。1997年公司生产的"华新牌"大坝水泥用于长江三峡工程。20世纪五六十年代华新水泥厂为中华人民共和国建设和水泥行业发展做出了突出贡献，2007年7月老厂光荣完成了它的历史使命关停。老厂经历了民族工业、中华人民共和国成立、公私合营、社会主义公有制改造等社会变革，对于职工来说，华新水泥厂旧址保留的机器、厂房都是黄石多年来共同的工业记忆，厂区的工人之家、工人俱乐部、灯光球场、华新礼堂、毛主席塑像、高级员工宿舍等，都是城市化和工业化进程的体现，给人们留下独特的回忆，是工业遗产的一部分。

二、保护修缮思路与原则

（一）统筹考虑，整体规划

工业遗产有自己的特点，作为不可移动文物其价值除体现在历史价值外，更突出的是科学技术价值。水泥生产技术有立窑、湿法窑、干法中空窑、立波尔窑、悬浮预热器窑和新型干法窑等。华新水泥厂旧址完整地保留了"湿法"水泥工艺流程和制造技术，承载了更多的科学技术价值，而具有时代建筑特点的附属的公共建筑，如华新礼堂、毛主席塑像、高级员工宿舍等，则承载着更多的历史与社会文化价值。所以在制定保护方案的时候，不能局限对华新水泥厂旧址本体的保护，还应该把其放在区域城市发展的角度考虑，因此，对其的保护应统筹考虑本体与环境的整体关系，在保护主体文物的真实性和完整性的同时，也要考虑区域文化环境的协调。作为华新水泥厂旧址中有代表性的可移动文物，如生产工具、产品、样品、办公设施、档案等均是旧址展示重要的组成部分，同样需要经过甄别，与建筑本体一并进行保护。

（二）科学研究

华新水泥厂从1946年建厂到2005年停产搬迁，整个厂区不断发展建设，所以不是所有华新水泥厂旧址上的建筑遗存都属于工业遗产，只有具有科学技术价值、历史价值或者社会文化价值的遗产才属于工业遗产，因此需要经过详细勘查与科学研究来甄别有价值的厂房、生产线和代表性设备，从而进行有效的保护。华新水泥厂旧址反映出的湿法生产主要工序有原料输配、厚浆储存、熟料储配、水泥储存、水泥包装的生产过程。承载这些工序的建筑有联合储库、粗磨车间、储浆池、湿法回转窑、新磨车间、矿渣库、熟料库、细磨车间、包装车间、铁路站台（图五～图九）。

保存下来的车间、厂房、设备，分轻重缓急来进行修缮。庞大的建筑群中为满足生产生活需要而临时搭建的建筑物与构筑物，与主要生产流程关联性较小，因此在对其价值评估之后进行了必要拆除，使主要生产线更加清晰完整。全面修缮的老厂房、车间需要进行必要的安全技术检测，坚持最小干预原则，尽可能真实完整地保存历史原貌和建筑特色。修缮以传统做法为主，适当运用新材料与可逆性的新工艺。比如，在设备的修缮中，对设备的铁锈进行了相关的测试和研究，并依此筛选合适的材料，对机械设备进行防腐蚀处理，同时在涂料方面选择接近原色的颜色，并经实验后，再进行施工。同时，根据华新水泥厂旧址本身的游览路线进行环境整治。

图五　包装车间旧址

图六　磨坊旧址

图七　华新水泥厂旧址1号回转窑保存概况

图八　华新水泥厂旧址2号回转窑保存概况

图九　华新水泥厂旧址3号回转窑保存概况

三、工业遗产展示与利用的思考与认识

（一）突出特点，重点展示

　　工业遗产相对其他遗产，时间跨度较小，以近现代者居多；历史信息相对单一，规模较大。因此，工业遗产除保护重要历史信息外，更需注重科学技术的保护，比如车间、厂房既强调空间的保护利用，也应强调历史工业设备的保护利用。因此，实现工业遗产的合理保护及利用，首先要对其性质内涵进行研究，因为它除了建筑本体以外，生产设备也是重要的组成部分，其中包括生产时的工艺保护与产品保护。综上所述，工业遗产的保护和利用，应体现在两个方面，一是物质方面，包括厂房、车间、设备，特别是生产设备的展示是自身特点及科学技术价值的体现；二是非物质方面，主要是工业技术的传承，反映在产品与工人技艺上。

除此之外，工业遗产的展示还应该反映历史与社会文化价值，如华新礼堂、毛主席塑像、高级员工宿舍等，反映了鲜明的时代特色，也承载了黄石的城市要素，其承载着的丰富的历史文化信息，是黄石历史发展的见证。因此，对华新水泥厂旧址的保护，也是对黄石城市历史记忆的延续，通过合适的保护方法及利用方式，赋予其新的时代内涵，既可以变无效资源为有效资源，也可以满足群众的情感需求。

（二）主题园区的展示与利用

如果实现了对近现代建筑的有效利用，就实现了有效保护。比如，国内较为成功的工业遗产利用实例——北京798艺术区，其前身是中国"一五"期间建设的"北京华北无线电联合器材厂"，即718联合厂。2002年开始，798艺术区逐步成为艺术工作室、画廊、书店、时装店、广告设计、环境设计、家居设计、餐饮、酒吧等各种文化艺术空间汇集的聚集区，成为国内外具有影响力的文化产业区。再如无锡国家数字电影产业园，它的保护利用是突出主题，主要是反映老厂的历史、工业技术及设备展示，并突出国家电子产业园的主题，以此进行了利用和打造（图一〇、图一一）。

图一〇 北京798艺术区　　　　图一一 无锡国家数字电影产业园

目前，华新水泥厂旧址保存了完整的厂区环境、公共建筑、生产线设施与设备等，代表了一个时代水泥工业的先进技术，见证了黄石地区的经济发展。华新水泥厂旧址承载了中国近现代厚重的工业文化，因此，在保护利用中应突出反映老厂的历史沿革、

工业技术及设备情况，同时不断扩大华新水泥厂旧址的社会影响力，塑造城市活力中心，形成工业遗产保护与灵活利用的示范场所。其承载的功能包括休闲功能、娱乐功能、体验功能等。以复合功能性为重要参考因素，体现工业遗产独特的地域文化精神，形成新旧文化融合，以此打造城市与工业遗产相和谐的文化园区，增强本地居民的归属感和认同感。

中国文化遗产研究院积极参与黄石华新水泥厂工业遗产保护与利用，编制完成《黄石华新水泥厂旧址工业遗产保护与展示利用设计方案》，完成联合储库、粗磨车间、细磨车间、矿渣库、烘干车间、包装车间、包装站台等维修方案。2016～2018年，开展机械设备防腐蚀保护技术研究与方案设计工作，编制完成《1—3号回转窑防腐蚀工程深化设计方案》。在对传统遗存有效保护的基础上，积极打造华新水泥厂历史文化主题公园，使华新水泥厂在新的时代，用新的姿态展示出自身独特的历史价值、科学技术价值和社会文化价值（图一二～图二三）。

图一二　矿渣库入口维修前

图一三　矿渣库入口维修后

图一四　烘干车间维修前

图一五　烘干车间维修后

图一六　矿渣库外立面维修前

图一七　矿渣库外立面维修后

图一八　矿渣库屋面维修前

图一九　矿渣库屋面维修后

图二〇　烘干车间外立面维修前

图二一　烘干车间外立面维修后

图二二　包装车间及站台维修前

图二三　包装车间及站台维修后

世界遗产的挑战与国际反思

燕海鸣

（中国文化遗产研究院　中国古迹遗址保护协会）

一、世界遗产体系的定期自我反思

《保护世界文化和自然遗产公约》（以下简称《世界遗产公约》）自1972年正式生效以来，已走过了50余年历程，对参与世界遗产事业的人员以及对公约实施情况进行追踪的观察人员来说，公约在不同方面都显示出强大的活力，也得到了他们的极大关注。

在这期间，人们会定期对公约进行反思，每十年都会组织纪念活动，以彰显公约的重要性。1978年第一批项目列入《世界遗产名录》后，便已经出现了一些声音，认为在《世界遗产名录》纳入的选择标准、可信度高的专家评审、工作量及压力，以及文化遗产的认定和比较分析等方面存在一定困难。当时已经有人提出：不再增加世界遗产以保证名录的唯一性[1]。

20世纪90年代举行了《世界遗产公约》20周年纪念活动，标志着当今遗产体系运作方式的重大改变。其中，定义了文化景观（包括关联性文化景观），并对《世界遗产名录》的不均衡性（或者缺乏"代表性"）问题进行了更为强有力的回应。最终世界遗产委员会在1994年通过了"具有代表性、公信力和均衡性的《世界遗产名录》的全球战略"。同样在20世纪90年代早期，联合国教育、科学及文化组织（以下简称联合国教科文组织）成立了世界遗产中心，并实施了反应性监测程序，以推动对世界遗产公约的保护[2]。

世界遗产公约30周年庆祝活动正值千禧年来临之时，当时有浓重的反思氛围，大家都认识到公约的目标和挑战与公约形成时所制定的目标有一定偏离[3]。这一时期对公约的相关程序进行了重新审查，最后对公约的操作指南做了重大修改，并于

2005年得以通过。

2012年召开的40周年纪念活动将关注点放在了未来。2008年世界遗产中心启动了对《世界遗产公约》未来发展的反思程序，并在2009年全体大会上正式确立。同时组建了开放式工作小组对公约未来发展的愿景和机会进行了细致讨论。最终形成了战略规划，为未来十年世界遗产公约的实施提供指导。

二、全球战略及其反思

世界遗产诞生之初，便有了其过于"西方精英主义"的批判，随着时代发展，专家们越来越认为，应该设立一个公信力更强、均衡的和有代表性的世界遗产名录，这也是1994年发布的"全球战略"的期望目标。但是，对每年申报数量的限定，并没有实现全球战略的初衷。比较明显的结果是，虽然有效地降低了《世界遗产名录》不断膨胀的速度，但也可能加大了世界遗产大国和小国之间的差距。

必须承认，世界遗产的诞生，本身是一个西方国家的遗产保护理念和实践在全球的推广。20世纪90年代初，在联合国教科文组织专家会议上，对世界遗产的西方中心主义进行了讨论和反思。会议认为在《世界遗产公约》拟定之时，遗产的概念较为狭隘，过于体现欧美式的纪念碑、建筑物和遗产地的概念。因此，1994年首次对遗产概念中的西方中心主义趋势进行了调整，"全球战略"的目的是创建全球均衡的、世界各地均有代表性的《世界遗产名录》并重新阐释遗产的概念。

但是，尽管由于增加了文化景观和文化线路的概念，文化遗产的概念在一定程度上有所拓宽，并加大了对《世界遗产公约》的全球参与程度，但是，很不幸，全球战略仍然不是很成功。让每个国家或至少每个地区或区域组织都有一定数量的世界遗产，这一理念和雄心，却成为《世界遗产名录》继续保持公信力的掣肘。

近年来，人们以不同方式对全球战略提出了进一步的建议，比如进一步限制遗产申报数量等。但这些建议的关注点更多地放在"实现理想化的全球代表性"上——包括地理上的均衡、文化和自然遗产间的均衡等，并没有从根本上解决问题。另外，也有人提出：未来不再新增遗产名录；不再每年组织遗产申报；如果世界遗产委员会成员有列入濒危世界遗产名录的遗产，则暂停其进行新的申报等；还包括，每个已有许多项目的国家，应首先为未能得到充分代表的地区所提出的遗产申报项目提供支持。

但是事实上，似乎不同的国家对全球战略的目标持有不同的见解和设想。全球战略整体上缺乏统一的、达成一致的愿景，尤其是，对于一个完美的、具有公信力的、均衡的和具有代表性的《世界遗产名录》究竟应该是什么样子，也没有形成共识。在2018年巴林召开的世界遗产委员会会议上，大会报告承认，至少到目前为止，"全球战略"的目标并没有实现。

三、政治化和公信力的下降

除了自我反思之外，学术界乃至遗产界的专家，对世界遗产逐渐偏离"初心"的批评都是非常尖锐的。其中可能最严重的一种批评，就是世界遗产逐步"政治化"以及由其带来的名录公信力的下降。

世界遗产委员会的三大咨询机构——国际古迹遗址理事会、世界自然保护联盟（International Union for Conservation of Nature，IUCN）、国际文化财产保护与修复研究中心（International Centre for the Study of the Preservation and Restoration of Cultural Property，ICCROM）做出的专业评估结论，近年来屡屡被部分缔约成员所构成的委员会推翻。从总体趋势上看，不仅是世界遗产提名项目，针对现有世界遗产的保护状况做出的评估建议，尤其是会导致遗产列入"濒危名录"乃至从《世界遗产名录》中除名的建议，也每每被委员会以各种理由摒弃。

最为明显的分歧存在于提名项目审议环节。关于咨询机构的建议和最终决议之间的差异，用数据的形式可以得到最直观的呈现。在20世纪，这种分歧只是小规模的，但此后，尤其是2010年后，分歧逐步扩大。我们回顾了自1978年以来，历次大会上最终得以列入的文化遗产项目中，最初评估意见不是第一档（列入）的项目的数量，以及这些项目数量占最终列入文化遗产项目的比例。我们将每年最终列入的文化遗产数量变量为 a，其中原始评估意见不是第一档的数量为 b，那么 b/a，即比例 c。表一列出了四个时代的 b 以及 c 的发展趋势。

表一　四个时代的 b 以及 c 的发展趋势

年份	b	c
1978～1989	1.17	8.3%
1990～1999	1.4	5.7%
2000～2009	3.64	17.8%
2010～2018	7.13	40.1%

注：b：非"列入"变为"列入"项目平均数。

　　c：非"列入"变为"列入"占总"列入"的比例。

表一显示出一个非常显著的趋势：20世纪，绝大多数列入项目都是来自最初国际古迹遗址理事会给出的评估结论。在21世纪初，这个比例有所下降，但也超过五分之四。但近十年来，这个数字骤降，仅有六成左右。与之相对应的，是有四成的最终列入项目是由其他档次的评估结论抬升而来。这个数字中还没有显示出的一点是，2010年以来，包括本届在内，已经有5个项目从评估结论最末一档"不予列入"直接抬升为"列入"。

对于世界遗产评定的政治化，近年来每一任世界遗产中心的负责人，乃至联合国教科文组织总干事都表示出了忧虑。联合国教科文组织总干事 Irina Bokova 在圣彼得堡第36届世界遗产委员会大会所做的开幕词中，也清晰地表达了这一担忧：

> 近几年来，遗产列入程序中出现的一些发展趋势已经削弱了公约所倡导的科学卓越性和公正性这一中心思想……毫无疑问，公信力必须体现在整个遗产列入程序的每个阶段——从咨询机构的工作，到缔约国所做的最终决定等。缔约国在这方面负有最主要的责任。今天，我们面临着越来越多的批评，我对此深感忧虑。

遗产保护专家也以更为公开的方式对世界遗产委员会决议的政治化倾向加以批评，在新闻报道中也会明确表达这种观点。尤其是2012年之后，世界遗产委员会会议开始采用网络现场直播方式以来，这种批评更为公开化。人们已对这种政治化倾向进行了多方面分析，例如，咨询机构对委员会决议提出的建议出现的分歧越来越多；遗产列入《世界遗产名录》时，正值遗产项目所属的国家作为世界遗产委员会委员国之时，这种情况也越来越多；越来越多的国家代表由其外交使团而非遗产专家担任，不管他们是否专业，他们的唯一目的是确保遗产列入名录，这将有助于推动外交使团的职业生涯发展。

不管世界遗产委员会的话语权是否被专家或是政客所主导，委员会已经越来越背离其自身所建立的指引方针和程序，以不成熟的方式将遗产列入名录，并践踏了以往所设定的标准。

四、申遗项目的政治化

案例一：围绕柏威夏寺柬埔寨、泰国的冲突[4]。

2008年，在泰国多年反对之后，柬埔寨成功地将柏威夏寺申报成为世界文化遗产。虽然柏威夏寺尚未在国际游客中引起极大反响——肯定没有达到对吴哥窟的情感——但对泰国人和柬埔寨人来说，这是一个"让人情绪激动的事件"，它牵扯到长达一个多世纪的边界争端和国内政治斗争。

横跨泰柬边境，柏威夏寺（泰国称"考夫拉维汉"）位于丹格雷克山脉一地势险要的海岬。1907年《法暹条约》中，法国划定了泰柬边界线。泰国对该划界持有争议，1962年，该案被提交海牙国际法院。法院裁决支持柬埔寨一方，裁定该寺庙本体位于柬埔寨境内几百英尺处。从泰国方面看，这并没有解决争端，他们质疑法国绘制的地图，并指出该地区是泰国人的定居点。泰国民众曾多次捐款资助"国家在国际法庭上保卫寺庙所做的努力"。有一条评论说这仍是一个"痛苦的回忆""民族的创伤和耻辱"。

所处位置同样是联合国教科文组织命名的重要依据，柏威夏寺之所以享有世界遗产的地位，不仅因为其在高棉时期的历史重要性和它独特的建筑和美学特征，还因为它的地理位置；于是，联合国教科文组织将其命名为："柏威夏神庙的神圣遗址，因其独特的自然环境，以及其与环境的密切关系而闻名。"

柬埔寨早在1992年，也就是吴哥窟被命名为世界遗产的那年就正式开始申报程序——提名文件在2001年12月在芬兰赫尔辛基举行的世界遗产委员会第二十五次会议上被首次审议。当年，泰国在委员会任职，由于担心会威胁到泰国对有争议领土的持续主权，泰国阻挠了这一申报。

因此，柬埔寨每年就柏威夏寺提出申报，泰国每年都否决该提名，但这些程序未被联合国教科文组织公开在"世界遗产委员会通过的决议"会议记录中。2007年，情况发生了变化，当时泰国政府在新西兰基督堂市举行的第三十一次会议上同意调解争端。泰国外长诺帕东·帕塔马和柬埔寨副首相索安于2008年5月14日在柬埔寨高港举行了非正式会谈。随后，2008年5月22日，泰国代表团，包括外交部副常任秘书诺帕东、其他部级官员以及泰国驻法国大使，在联合国教科文组织巴黎总部和柬埔寨代表团进行了正式谈判。柬埔寨代表团由索安和其他柬埔寨政府官员组成；谈判会议由时任联合国教科文组织文化助理总干事弗朗索瓦·里维尔女士主持，联合国教科文组织高级别官员参与调停。

泰国和柬埔寨签署的联合公报似乎充满了对遗址的相互理解和尊重：泰国支持柬埔寨，条件是柬埔寨的申遗文本应只涉及寺庙本身，而不包括位于泰国边界的楼梯或二级纪念碑，不对泰国境内受国际承认领土内的对象提出主权要求。柬埔寨将在文件中附上一张修改过的地图，只提及寺庙不提及更大的区域，以避免加强更广泛的领土主张；这张新地图将"取代之前的地图和所有地理参考资料"。2008年6月17日，泰国内阁批准了这张地图。最后，泰国和柬埔寨都同意命名柏威夏寺不会对更广泛的领土主张产生法律影响。

不幸的是，这一决定由于泰国内部的政治斗争而发生变故。人民力量党（由他信·西那瓦的泰爱泰党废黜成员组成）和反对党人民民主联盟（People's Alliance for Democracy，PAD）之间的意见冲突，破坏了联合国教科文组织的工作进程，使公众对联合国教科文组织对世界遗产所做出的努力产生了不解。人民民主联盟声称政府"失去"了柏威夏寺，辜负了泰国人民，人民民主联盟在曼谷和四色菊府组织了大规模的抗议活动，要求罢免党内官员；并向泰国政府提交了一份有20000多个签名的请愿书，促使宪法法院召开听证会，最终裁定通过了联合公报。

同时，柬埔寨在金边部署防暴警察，以保护泰国企业免受柬埔寨的反泰示威。2008年6月28日，泰国E-San的网络组织等20个激进团体在寺庙入口集会，敦促泰国当局驱逐柬埔寨人，柬埔寨不得不暂时关闭了柏威夏寺边境，但仍然有一些年轻的当地人越境抗议。泰国也在边境部署了军队。

随后，随着误会的澄清，两国关系慢慢缓解，柬埔寨和泰国发表声明，称要加强友谊与合作，双方都相信遗产的列入最终对两国来说都会产生积极的成果，尤其会推动旅游业以及获得国际援助。

案例二：沙特阿拉伯艾尔阿萨（Al-Ahsa）绿洲。

在第42届世界遗产大会所有提名项目的审议结果中，最具历史性的"突破"是沙特阿拉伯的艾尔阿萨绿洲——不断进化的文化景观。该项目成为第一项评估"不予列入"，经审议以非濒危的形式直接"列入"的世界遗产。

艾尔阿萨绿洲位于阿拉伯东部半岛，申报类型为文化景观。其申报要素包括花园、运河、泉水、水井、排水湖，以及历史建筑、城市设施考古遗址。在价值阐述中，缔约国认为这些遗址代表了海湾地区从新石器时代到现在持续人类定居的痕迹，是人类与环境相互作用的典范。

但是，ICOMOS强调，根据《实施〈世界遗产公约〉操作指南》，与该项目能够对应的一类文化景观指的是evolved类型，即历史中发展演变而形成的景观；并不是evolving类型——仍在变化的景观。艾尔阿萨绿洲在历史的不断变化演进中，虽然具有自3～4世纪就有人类居住的证据，但传统的水资源管理办法已经被现代灌溉设施所替换，传统的社区治理模式已经被市场经济所取代，承载遗产价值的传统文明、方法和面貌，并没有在今天的绿洲中得以体现，而且城市扩张对于人和自然互动的关系已经带来了破坏。ICOMOS还指出，类似的绿洲在阿拉伯地区有很多，这一项目的突出的普遍价值难以得到有效证明。综上所述，ICOMOS建议不予列入。

在此之前的世界遗产历史上，曾经有过三次在咨询机构给出"不予列入"的建议后直接变更为"列入"的遗产，但这三次都有其特殊的背景。2012年，巴勒斯坦"耶稣诞生地：伯利恒主诞堂和朝圣线路"被ICOMOS建议"不列入"，在大会上临时提出要求以濒危之名强行列入，经过秘密投票，按紧急列入方式直接列入《濒危世界遗产名录》。2014年和2017年，巴勒斯坦故技重施，其"耶路撒冷南部的橄榄和葡萄园文化景观"和"希伯伦老城"两个项目都在审议当年才递交文件，要求按紧急列入流程进行操作，于当年即上会讨论。虽然ICOMOS的评估意见都是不予列入，但在大会上经过秘密投票，直接列入《濒危世界遗产名录》。

对比此前三项巴勒斯坦的项目，艾尔阿萨绿洲显然并不具备以濒危的名义强行列入的可能。但作为历史上首例以"不予列入"的建议上会讨论谋求"列入"的申遗项目，沙特阿拉伯方面有备而来，准备了各种反驳ICOMOS的口径，借由一众委员国之口相继抛出。

首先，是从概念层面对文化景观予以重新界定。科威特代表认为，对于这类非典型的文化景观，不能仅在既有的文化景观范畴里去理解，还要看到绿洲为这里的人们提供持续发展的必需的水资源，使得他们在恶劣的气候下生存了两千多年，并发展出丰富的文化。因此，尽管这个文化景观并不典型，但不能否认其突出的普遍价值。科威特的意见实际上是在现有的《实施〈世界遗产公约〉操作指南》框架下进行了突破。随后，布基纳法索、巴林、中国等代表强调了这处文化景观在人类历史演进过程中的独特意义——在沙漠、山脉和海洋的交汇之处发展出独特的文化，展现出人类不断适应自然的能力。

其次，是从其类型的特殊性中去打"情感牌"，古巴和巴西的代表指出，这一类绿洲文化景观，属于《世界遗产名录》中"稀有"类型，本着让名录更加平衡的目标，应该列入。最后，由于超过三分之二的委员表态支持列入，该项目得以直接列入《世界遗产名录》。

借助外交手段，形成多国利益同盟，推翻咨询机构的意见而强行列入遗产名录，是近年来世界遗产领域最令人忧虑的变化趋势。此举严重背离了世界遗产的初衷。当我们回顾世界遗产事业形成的历史，会发现最初动议和实践《世界遗产公约》并建立《世界遗产名录》的政坛和学术界人士，所基于的理念是全世界共同建立一种牢固机制，去保护那些对于全人类的过去和未来具有特殊意义的遗产。当本国由于种种原因无力维护而使遗产面临危机时，该机制能够及时发挥作用，有效化解危机，保全遗产。例如，埃及的阿布辛贝神庙，由于阿斯旺水坝建设而即将被淹没，国际社会通力合作，对其实施抬升处理，保全了这处杰出的建筑遗产。评判世界遗产最核心的概念是其所应具备的"突出的普遍价值"，即对整个人类社会具有广泛而特殊重要意义的遗产价值，这类遗产如果遭到损害，将是无法挽回的全人类的损失，因此应该举全球之力去守护它们[5]。

但实际上，没有任何遗产是纯粹属于全人类的，它们必然是首先属于某个群体、某个族群、某个国家。因此，在实践过程中，这些群体、族群和国家必然会力推符合自己利益的遗产申遗，以让自己的遗产成为"全人类"的遗产，从而确立自己在人类文明历史中的独特地位，进而在未来发挥更大的文化影响力。如此一来，"突出的普遍价值"不仅作为评判遗产的标准，同时也成为遗产的一个光环，拥有"突出的普遍价值"的遗产，获得了相比其他遗产的更高地位和更优先获得关注和保护的资格。在这样的进程中，"最重要的"逐步演变为"最荣耀的"，世界遗产大会也成为一年一度的角斗场，挑动各国的敏感神经，各国不仅要靠遗产价值说话，还会暗地进行政治、经济乃至宗教角力。

造成这样的结果似乎是不可避免的。毕竟世界遗产项目的地理基础是缔约国，在这样的基础上，必然会造成互相攀比的现象。1994年，面对欧美遗产占主流的情况，世界遗产确定了"全球战略"，向非欧美地区倾斜；并在21世纪初开始不断修正《实施〈世界遗产公约〉操作指南》，严格控制每个缔约国申报项目数量，在2021年每个国家每年最多申报一个项目。不过，严格来说，这种试图"平衡"各国、各大洲遗产数量的行动本质上也是对世界遗产初衷的某种背离。因为人类文明各板块的发展快慢有所差异，某一地区遗产数量更多，是历史发展的客观产物，通过搞平衡的手段去人为控制，也是对从"最重要"转变为"最荣耀"的评判标准异化结果的一种默认。

上述两个案例都鲜明地表明，世界遗产已经不是一个简单的文化项目，而是牵涉国家利益的，甚至可能导致国家间冲突的国际事务。世界遗产与国家文化权力、国家主权、形象牢牢结合，虽然令人遗憾，但也是不可避免的趋势。

五、理念和话语权的争夺

世界遗产学者 William Logan 在 2001 年发表了一篇名为《全球化遗产》的文章，他指出，世界遗产项目虽然在遗产领域起到了一定作用，但这其实是另一种"文化霸权"的体现，一些国际组织把来自世界上发达"中心"的全球化政策强加于发展中"边缘"国家[6]。Logan 作为咨询人员密切参与联合国教科文组织的遗产保护工作，他认真负责地对待遗产保护等全球工作，但他也非常关注在遗产保护行为和阐释活动中，联合国教科文组织的全球遗产体系是否将同类的"文化全球化"强加于非西方世界。在提到联合国教科文组织主要的遗产保护专业咨询机构——国际古迹遗址理事会和国际文物保护与修复研究中心时，Logan 指出："这些组织继续在国际舞台上发挥强有力的作用，制定文化遗产领域中的国际专业实践标准——'全球最佳实践'，并以非直接方式对这些领域中的理论和思维施加影响。"[7]

虽然这种遗产理念和智识层面的"西方霸权"有碍于世界遗产真正的全球化进程，但是不得不承认，任何一个全球体系，都必然是理念、理论与方法论的争夺平台。不可能有一个完全平衡和公正的话语平台，这是一个理念的战场。因此，在反思世界遗产"文化霸权"的同时，我们也要承认，既然这个霸权所代表的结构性矛盾无法解决，那我们必须要积极介入，争夺话语权。

我们应该重新审视学者们所批判的"文化霸权"倾向。需要认识到，借助某一全球平台，传递自身的价值观和理念与方法，是一个不可避免的现实，虽然这有可能导致某些文化、某些国家将其理念凌驾于其他文化之上，但与其哀叹这一现实，不如积极介入。通过对世界遗产近年来理念的变化，以及对世界遗产大会上"边会"的观察，我们提出，中国应积极介入世界遗产理念的变化进程，尽早掌握某些议题的制高点和话语权。我们不求霸权，但只有通过积极介入，才能避免不被别人霸权。

另外一个需要关注的趋势是，世界遗产的数量越来越多，无论在学者还是实践者的视野中，已经不再是一件"好事"，越来越多的人忧虑数量的增多对于遗产质量和保护带来的问题，而且，数量的比拼，也不是世界遗产的初衷。因此可以想见，在未来，不仅是越发限制遗产数量，就连"世界遗产数量多"这一论述本身，也值得我们去谨慎对待。我国应在世界遗产面临转型这一历史节点审视自己的角色，在保证数量位于第一阵营的同时，更加注重世界遗产国际治理等其他领域的贡献。

注　释

[1] Linstrum D. An alternative approach? An interview with Anne Raidl. Momentum, special issue, 1984: 50-55.

[2] Von Droste B. From the seven wonders of the ancient world to the 1000 world heritage places today. Journal of Cultural Heritage Management and Sustainable Development, 2011 (1): 26-41.

[3] Labadi S. World Heritage: Challenges for the Millennium. Paris: UNESCO, 2007; Strasser P. Putting reform into action-Thirty years of the World Heritag Convention: How to reform a convention without changing its regulations. International Journal of Cultural Property, 2002 (11): 215-266.

[4] Michael A. Di Giovine. The Heritage-scape: UNESCO, World Heritage, and Tourism. Lanham, MD: Lexington Books, 2009.

[5] 史晨暄：《世界遗产"突出的普遍价值"评价标准的演变》，清华大学博士学位论文，2008年；《世界文化遗产"突出的普遍价值"评价标准的演变》，《风景园林》2012年第1期，第61页。

[6] Logan W. Globalizing heritage: World heritage as a manifestation of modernism and challenges from the periphery//Jones D. Twentieth Century Heritage-Our Recent Cultural Legacy: 2001 Australian ICOMOS National Conference. Adelaide: School of Architecture, University of Adelaide, 2001: 51-67.

[7] Logan W. Globalizing heritage: World heritage as a manifestation of modernism and challenges from the periphery//Jones D. Twentieth Century Heritage-Our Recent Cultural Legacy: 2001 Australian ICOMOS National Conference. Adelaide: School of Architecture, University of Adelaide, 2001: 51-67.

黄石矿冶工业遗产的核心遗迹及技术价值

潜 伟

（北京科技大学科技史与文化遗产研究院）

2012年，由铜绿山古铜矿遗址、汉冶萍煤铁厂矿旧址、大冶铁矿东露天采场旧址和华新水泥厂旧址共同组成的黄石矿冶工业遗产，列入《中国申报世界文化遗产预备名单》。2016年和2019年，先后举办两届中国（黄石）工业遗产保护与利用高峰论坛，并发表工业遗产保护宣言《黄石共识——关于中国工业遗产保护与利用的倡议书》；2019年，黄石市工业遗产保护中心（湖北水泥博物馆）挂牌成立；2020年，中国文化遗产研究院受委托推进遗产价值研究、申遗文本更新等工作。在社会各界的关心下，黄石矿冶工业遗产的申遗之路有条不紊地展开。这里仅就申遗核心遗迹构成、技术价值挖掘等问题提出一些观点，供大家进行讨论。

一、核心遗迹构成

目前，关于黄石矿冶工业遗产的表述中，多数文献资料和宣传材料都依次列举了铜绿山古铜矿遗址、汉冶萍煤铁厂矿旧址、大冶铁矿东露天采场旧址和华新水泥厂旧址四个代表性的核心遗迹。这确实是黄石保存最完整并最具有代表性的几处矿冶工业遗产，但是还存在一些问题值得商榷。

第一，汉冶萍煤铁厂矿旧址的名称不合适。2006年6月，汉冶萍煤铁厂矿旧址被国务院公布为第六批全国重点文物保护单位，其是位于湖北省黄石市西塞山区、黄石港区的近现代代表性厂矿建筑集合，主要包含汉冶萍公司时期的残存高炉栈桥1座、炼铁炉基2座、日式住宅4栋、欧式住宅1栋、瞭望塔1座、卸矿机1座。我们清楚地知道，1908年成立的汉冶萍煤铁厂矿公司是张之洞、盛宣怀等创办的中国近代钢铁联合企业，主要包括汉阳铁厂、大冶铁矿、萍乡煤矿。而现在黄石市区的所谓汉冶萍煤铁厂矿旧址，是汉冶萍公司1913年开始为扩大炼铁生产规模在靠近铁矿且交通方便的西塞山下长江边建立的大冶铁厂，与上述汉冶萍最初三个煤铁厂矿并非一回事。该厂核心设备是2座日产450吨铁的高炉，1号高炉于1922年才开炉投产，2号高炉在1923年开炉投产，最后都在1938年抗日战争时期被炸毁。当初公布的全国文物保护单位定名时，显然有"拉大旗"嫌疑，当然也为扩充保护单位范围留有余地。按道理来说，汉冶萍煤铁厂矿旧址起码应该包括最核心的未被认定为全国文物保护单位的大冶铁矿东露天采场旧址，于是有时会在描述黄石矿冶工业遗产的核心遗迹时写成"汉冶萍煤铁厂矿旧址（含大冶铁矿东露天采场）"。但这样又掩盖了大冶铁矿一直沿用至新中国成立后的事实，且两处遗迹分散，各自特点鲜明，未必是好的定名方案。因此，首先需要打破原来固有的全国文物保护单位定名规则，让遗迹回归实质性名称，此处可改为"汉冶萍大冶铁厂旧址"，丝毫不会损毁申遗文本中有关汉冶萍公司历史地位的阐述。

第二，核心遗迹排列顺序不恰当。对构成文化遗产的多处遗迹点进行排序，是一个博弈约定过程，要具有一定的逻辑关系，有的按照时间顺序，有的按照地理分布位置，还有的会按照重要性大小来排列。考虑到黄石矿冶工业遗产的特点，其排列顺序宜主要关注遗迹存在的时间顺序，也要兼顾工业生产流程顺序。四处遗迹点的实际使用时间跨度分别是：铜绿山古铜矿遗址（西周—唐？）、大冶铁矿东露天采场旧址（1890～1999年？）、汉冶萍大冶铁厂旧址（1913～1938年）、华新水泥厂旧址（1946～2005年）。遗址开始使用时间相对明确，而结束时间有模糊地带。如果以厂矿开始设立时间为依据，那么此四处核心遗迹的排列顺序应该是铜绿山古铜矿遗址、大冶铁矿东露天采场旧址、汉冶萍大冶铁厂旧址、华新水泥厂旧址。按照生产流程，先是采矿，后是冶炼，最后是辅助的建材生产，上述排序也完全符合。因此，建议四处遗迹排序进行相应的修改，既体现时代的先后顺序，也符合工业链的习惯。这样，对遗迹内涵描述时，就不会出现特别的跳跃与逻辑线不清楚的问题。

第三，遗迹反映产业链的全面性不够。从时间代表性来看，仅以四处遗迹作为核心，铜绿山古铜矿遗址可以代表青铜时代，其他三处为近现代工业遗产，时代跨度太大，中间缺环明显。从工艺代表性来看，四处遗迹分别代表铜矿开采、铁矿开采、钢铁冶炼、水泥生产几个产业工艺，无法完整反映黄石矿冶工业生产的全局。水泥工业和采矿冶金的关系不明确，对华新水泥厂是否列入核心遗迹也众说纷纭。其实，要讲好黄石矿冶工业遗产的故事，需要做更多的工作。如果说，这四处遗迹是"主料"，还需要"辅料"来补充，才能炒出一桌好菜。现有资料表明，黄石地区铜矿的开发利用可能早到距今4000年的大冶蟹子地和阳新大路铺遗址；铁矿的开发也是持续时间很长的，远在三国时期的吴国就设铁官对铁山进行开采；宋代以"大兴炉冶"为由设大冶县，开启了建制化的矿冶城市历史，但考古证据相对缺乏。为了弥补缺环，需要抓紧时间开展古代矿冶遗址调查与考古发掘工作，重点进行汉代至唐宋时期矿冶遗址调查，如果能够归并到铜绿山古铜矿遗址更好，同时还需要考虑作为"大冶"置县的佐证。从行业覆盖面来说，煤矿、石灰石矿是近代冶金工业的重要原料基础，石灰石也是水泥生产的重要原料。黄石工业遗产中已经有几处近代采煤、石灰窑遗迹可作为备选，需要进一步加强调查研究。这样，一个包含铜、铁、煤、石灰石矿产资源开发和铜、铁、水泥加工的完整的黄石历史产业链布局就形成了。

第四，交通线路的串联作用不足。如果说各工矿遗迹是"点"，那还需要道路作为"线"来有效沟通。为什么觉得四处遗迹显得散，除了产业链缺环的问题，还有一个重要原因就是缺乏道路交通的链接作用。交通运输是工矿城市的血脉，对黄石的特色优势来说，一是水运、二是铁路，需要打通此"任督二脉"。正因为有发达的水运交通，商周时期铜绿山古铜矿资源才能得到开发利用，影响中原王朝的格局；近代以来，黄石矿冶城市兴起，正是得益于沿江便捷的水运交通，铁矿石不仅从这里供应汉阳铁厂，也源源不断地流向日本八幡铁厂。矿山的铁路运输不仅解决了工业原料和产品运输的问题，还带动了当地经济社会的发展。1892年为开采大冶铁矿修建的"铁山运道"（铁山铺—石灰窑专用铁路）是湖北省境内修筑的第一条铁路，是与吴淞铁路和唐胥铁路齐名的中国最早建设的铁路之一，具有极高的价值。目前，黄石工业遗产中不乏交通运输类遗迹的例子，如下陆火车站和通往铁山的铁路，还有原来属于汉冶萍煤铁厂矿旧址的水运码头和卸矿机等设施也可归并于此。选择保存状态较好的具有价值的重点水运遗产和铁路遗产开展调查和阐述工作，可以将这盘棋下活。

第五，工业生产之外的生活场景欠缺。除了黄石地区主要的矿冶生产链和网络之外，如果可以加入其他工作和生活元素，形成独特的矿业景观，反映其从传统手工业到现代工业生产并推动工业文明的整体发展，则更具有重要意义。事实上，在世界文化遗产遴选过程中，评委们不仅关心工业遗产的工艺技术本身，也非常注重遗产对社会生活方方面面的影响程度，最终是要实现从冷冰冰的"物"到温暖"人"的人文关怀。黄石矿冶工业遗产有这样的基础，不仅见证了中国古代文明的兴起与发展，也承载了中国近代工业重要发祥地的重任，还经历了铁矿输出到日本而影响整个亚洲工业格局的伤痛，更见证了新中国快速发展的社会主义建设。比如入选2015年"全国十大考古新发现"的铜绿山四方塘遗址考古发掘，发现了春秋时期铜矿业生产者的公共墓地，随葬品显现了楚文化与地方扬越文化融合的现象，为研究铜绿山国属、生产流程及管理分工、文化面貌等系列学术问题提供了新资料。已经被列入汉冶萍煤铁厂矿旧址的日式建筑和欧式建筑，正是中国近代矿业贸易和钢铁技术转移的历史见证，也是繁荣的黄石港码头开埠的美好缩影。继续补充这方面的材料还有很大空间，包括天主教堂、苏联式礼堂建筑和职工宿舍等，都可以纳入备选范围。罗列出生活设施的物项，是黄石矿冶工业遗产申遗的重要支撑。

以上主要是从遗产系统性和完整性考虑，黄石矿冶工业遗产可根据需要增列和调整一些基本核心遗迹。当然，如果换一个思路，核心遗迹点只以铜绿山古铜矿和大冶铁矿两个为主，其他作为外围辅助遗迹点考虑，又将会是另外一套阐释解读方案。

二、技术价值挖掘

技术价值是工业遗产价值中仅次于历史价值的重要的价值，也是工业遗产与其他类型遗产最本质的区别。技术价值对应某一历史时期的技术和生产水平，反映的是技术的创造性、先进性和实用性。黄石矿冶工业遗产的价值挖掘，最重要的应该是历史上的技术价值挖掘，需要明确此处有何独特的技术价值，是否具有突出普遍性，能为一种已消逝的文明或文化传统提供一种独特的至少是特殊的见证。目前对黄石矿冶工业遗产的技术价值挖掘已经取得进展，如对铜绿山古铜矿的采矿木支护技术、井巷掘进技术等有了较充分的认识，大冶铁厂的炼铁高炉是20世纪20年代远东地区最大最先进的炼铁设备，华新水泥厂1946年引进的湿法水泥生产线是代表当时先进生产技术的活化石。除了这些之外，这里还想再强调几点，为进一步探讨工业遗产的技术价值提供一些思路。

第一，地质矿产资源决定资源综合利用方式。世人一般以为铜绿山矿就是铜矿，其实在开发初期确实是铜矿利用多一些，后来对铁矿的开发利用也逐渐增多，最后干脆就叫铜绿山铜铁矿了。青铜时代冶炼温度达不到熔炼铁的温度，产品主要是铜及铜合金。后来技术进步了，铁也能被冶炼出来后，铜铁复合矿的资源得到利用，但是生产效率并不高，不过体现了人类资源综合利用的大方向。近代以来，钢铁需求迫使炼铁规模越做越大，从分选矿物资源的时候就开始了多种资源利用的技术革新，才彻底解决了人类对硫化铜铁多金属矿产利用的难题。

第二，铜铁冶炼技术的先进性。早期对硫化铜铁矿物利用时，在冶炼铜的过程中，如果温度足够高，铁也容易一起被冶炼出来。在考古调查中就发现过铜绿山附近铜锭中含铁量较高的现象，这几乎是最早人工铁冶炼的证据。硫化矿冶炼是一个技术含量很高的技术手段，一般需要先经过焙烧矿石，将硫化矿变成氧化矿，同时放出二氧化硫等物质，比纯粹的氧化铜矿冶炼多了许多工序。经过炉渣分析检验，铜绿山的硫化矿冶炼是世界上最早的硫化铜矿冶炼实物证据之一，并且炉渣中含铜量很低，表明冶炼技术的进步。20世纪50年代，武钢高炉炼铁投产初期，面临最大的问题是高炉原料含铜的问题，经过张寿荣院士等的努力，改进工艺，彻底解决了硫化铜铁矿冶炼技术的难题。这些都是世界级的成就，是真正黄石矿冶工业遗产的核心竞争力，以前被关注得不够。

第三，大冶铁矿的技术内涵挖掘。大冶铁矿的开发历史，可以说是与半部中国近现代冶金史联系在一起。晚清时期，外国矿师发现了大冶铁矿，盛宣怀等即引进国外技术开始了实践，第一次实现了机械化露天矿开采，对随后中国采矿技术的进步影响深远。首先地质勘探方面，凝聚了几代地质学家的智慧，从这里先后走出了9位地质方面的院士。秦馨菱等进行磁力勘探，使大冶铁矿成为我国首次采用磁法勘探的矿山。1952年组建了中国第一支大型地质勘探队——429地质队，证明了孙健初关于尖林山存在隐伏矿体的论断，确认了大冶铁（铜）矿床为接触交代型矿床。这是新中国首次实现自主大型铁矿的勘探，使大冶铁矿成为武汉钢铁工业基地的主力铁矿基地，为新中国的建设贡献了巨大的力量。在采矿技术面临的边坡治理难题方面，这里也诞生了许多世界级的科技成果。20世纪60年代初期开始的大冶铁矿南帮边坡研究是我国最早的结合大型原位试验的著名工程，开创了我国边坡研究新局面。葛修润院士长期从事岩石力学与重大岩土工程科研工作，是我国岩质边坡研究领域的学科带头人之一，1966年在十分困难的情况下，他独立主持完成了此项边坡研究任务的稳定分析计算报告和岩体力学试验总结，使大冶南帮边坡研究得以圆满结束，随后他主持完成的大冶铁矿北帮滑坡整治与监测工作被鉴定委员会评为"国际先进水平，同类边坡工程范例"。选矿方面，余永富院士为大冶铁矿混合型铁矿石磁选新设备、新工艺解决了无法生产的技术难题，掌握了资源综合利用的核心技术。

第四，矿冶技术转移的见证。黄石矿冶工业遗产是多次近现代工业技术转移的历史见证。汉冶萍时期的大冶铁矿和大冶铁厂，大概都经历了这样的一个过程，铁矿开采和钢铁冶炼最初都是由欧洲采矿和冶金工程师们进行，但很快被中国本土工程师们所替代，后来这个赛场的主角又变成了精益求精的日本工程师们。中华人民共和国成立后，大冶铁矿和大冶铁厂又得到了苏联专家的援助指导，直到苏联专家撤走后新一代中国科技人员成长，甚至到改革开放后接受外国专家的技术支持与合作。华新水泥厂的技术移植历史也能看见这些端倪。1946年中国从美国引进的湿法水泥生产线，是当时世界上最先进的生产线，不仅很快达产，而且迅速被消化，并且在20世纪60年代又独立完成了新的生产线设计投产。这些都是反映技术转移过程中引进消化吸收再创新的生动案例，是文化交流互鉴的历史见证。

总之，黄石矿冶工业遗产内涵丰富，值得仔细梳理挖掘其技术价值。重新建立新的叙述逻辑框架，加强档案资料调查和田野考古实践，特别是开展必要的工业考古实践，是获取新资料的重要渠道。相信将来随着资料更完备、信息更健全、思路更清晰，黄石矿冶工业遗产成功申请世界遗产也是水到渠成的事情。

黄石先秦古矿冶遗址新发现及遗产价值探析
——以阳新矿冶遗址专题调查为中心

李延祥　逢　硕

（北京科技大学科技史与文化遗产研究院）

中国古代矿冶技术是中国古代技术遗产体系中的主体技术之一，它造就了中国传统社会文化中的矿冶文化。黄石地区矿冶文化形态便是我国矿冶文化资源典型代表。黄石地区古代矿冶遗址数量众多，前期围绕黄石及周边地区开展的矿冶考古调查与研究取得了丰硕成果，代表性的如20世纪70年代大冶铜绿山古矿冶遗址的发掘和研究工作，推动了古代矿冶遗址调查研究的深入发展。继而阳新古矿冶遗址群、皖南古矿冶遗址群、赣北古铜矿遗址等发掘和研究工作，为了解长江中下游早期铜矿资源的开采、冶炼、流通等科技和历史文化问题提供了有力的支撑。目前，黄陂盘龙城、大冶铜绿山、阳新大路铺、江西瑞昌铜岭等重要矿冶遗址的发掘工作在考古学文化格局探索、矿冶遗址调查工作以及对矿冶遗物科学分析等方面积累了丰富的研究成果，可以为本研究的空间与时间段的界定和技术演进脉络的梳理提供重要参考。

但值得关注的是，黄石地区文物普查过程中确定的晚商至西周时间段的300余处遗址中，除了配合大路铺遗址发掘工作开展了相关冶炼遗物的分析检测外，围绕大路铺遗址周边广大区域的其他遗址并未开展实际的矿冶遗址调查与矿冶遗物的分析检测工作。因此，黄石及其周邻地区古矿冶遗址的研究工作尤其是对鄂东南地区大路铺文化影响下的诸遗址的冶炼技术水平、矿料的来源与去向等问题存在着时间及地域上的空白点。仅依托上述已发掘的重要遗址材料，对黄石地区各时代、各种类矿冶遗址的分布规模、技术面貌等情况难以进行准确界定。因此本研究拟结合当前矿冶遗址调查的时间段、地域、矿冶遗址调查等工作的空白点，将黄石及其周邻地区晚商、西周段矿冶遗址面貌与冶炼技术水平等问题展开矿冶遗址调查与研究工作。

一、黄石地区先秦矿冶遗址调查研究工作举要

学术界前期有对阳新地区铜矿遗址群的介绍，如王巍主编的《中国考古学大辞典》[1]中"阳新铜矿遗址群"即有相关介绍。

在湖北拥有金属矿的鄂东南大冶、阳新等地，与盘龙城仅有一江之隔，阳新县境，矿山林立，蕴藏有铜、铅矿等。从考古资料来看，在阳新的许多矿冶遗址中发现夏商时期的文化遗物。说明夏、商王朝已在这块宝地从事着矿产的开采[2]。

对阳新地区先秦矿冶遗址调查工作的开展有助于填补这一时段矿冶考古的空白，据相关考古学文化研究成果，典型的商文化遗存由北向南主要分布在鄂西北、鄂东北地区，大体能够体现出具有商文化因素和地方文化因素的两种特征，目前的研究表明，二里冈上层至殷墟早期之间商王朝对长江中游地区的控制范围主要分布在北部，并且在不同地域之间所表现的控制程度不尽相同。而商晚期，各个地方文化也并不平衡，有的保留了商文化的遗存，有的进行了演变，典型商文化组合消失[3]。

西周时期鄂东这一地区的考古学文化代表性遗址较多，鄂东地区目前已经发现多处西周早期文化层直接叠压在殷商文化层之上，如随州庙台子、孝感聂家寨、殷家墩、城隍墩、安陆晒书台、新洲香炉山等遗址。而对于江北的巴河以东地区和江南的黄石、大冶、阳新等市县，则是同一类器物类型，其西界可延伸到武汉豹澥、湖泗等地。

上述地区典型遗址有英山白石坳、蕲春毛家嘴、大冶铜绿山、阳新和尚垴等，东界达到赣北的鄱阳湖地区。以联裆高锥足鬲、浅腹平底钵、高柄豆等为代表，形制较为突出，如鬲，盆形腹，大口微敛，裆部近平（微凸或微凹），三个锥状实足，足内窝很浅，饰绳纹和凹弦纹，这一类陶鬲为早期楚式鬲，在大冶香炉山、眠羊地等遗址均有出土。鼎式鬲、刻槽足鬲、镂孔或弦纹高圈足浅盘豆、带护耳瓿、带流罐、罐形盉等器物，在江北的英山、蕲春等县，江南的大冶、阳新等县，以及更东面的江西九江沙河磨盘墩、神墩等两周时期遗址中，占有较大的比重或居主导地位。李克能总结古越族文化遗址主要分布在巴河以东及长江以南的武昌到大冶各县，我们可以命名为鄂东南地区，这一地区的文化面貌与赣鄱地区的某些同时期遗址相同，属同一文化区[4]。

崔春鹏[5]、邹桂森[6]初步揭示了长江中下游各区域的青铜冶金技术特征，绝大部分冶金遗址炼出了青铜，青铜冶炼是在炼铜后期进行合金化。鄂东南地区是以锡为主要合金元素的。从大冶到瑞昌之间的详细冶炼遗址，并未进行深入调查。

从学界对黄石市主要矿冶遗址的概述及介绍来看，目前对阳新地区的古代矿冶遗址群尚未进行有针对性的调查与研究，尤其在田野调查方面值得推进。"阳新县境内，

已发现新石器时代至春秋早期遗址 10 多处，出土文物较多的有猪婆岭遗址、和尚垴遗址、港下矿冶遗址。据调查，大冶、阳新境内还发现了不少商周时期的矿冶遗址，分布在古城址的周围。这一城址是否当时管理矿冶业生产的中心所在地，尚待进一步发掘研究。"[7] 上述调查亦未关注到阳新境内大多数遗址冶炼遗迹的具体情况。

上述工作表明，阳新境内的冶炼遗址较为丰富，且学界研究过程时有提及，但是从前期研究关注到的相关矿冶遗址的情况来看，阳新县境内各遗址是否有冶炼情况，技术水平以及与周边地区的联系等方面尚值得继续推进，应当从早期遗址入手，展开系统调查。

二、初次调查成果与重点遗址介绍

初次调查工作开展时间为 2020 年 1 月，共 10 余天，调查近 40 处遗址，其中发现 2 处为采矿+冶炼遗址（铜山尖遗址、铜当山遗址），其余为冶炼遗址（部分遗址未发现炼渣，尚待进一步调查核实），遗址地表炉渣多少不一，分布量较大的遗址地表炉渣厚 1~1.5 米，并且各类遗址中炉渣大小不一。在上述调查的基础上，另有新发现未定名冶炼遗址 3 处，调查小组分别对相关地区进行了标记。遗址年代方面，前期"三普"资料标注了遗址年代判断，但遗址地表拣选物的年代未定。调查成果方面，本次调查采集到大量冶炼遗址地表散布的样品，各类大小不一的炼渣 60 余袋，均为在遗址范围内采集拣选，并采集有相关 ^{14}C 测年证据、遗址地层断面证据、地表散布的炉渣、石锛、采矿时使用的石锤等一系列遗物。经检测发现具有铅冶炼遗址 14 处，并能够初步确定相关遗址的面貌，其中多数遗址保存状况不佳，亟待进一步采取保护措施。

"文物是国家不可再生的文化资源。文物普查是国情国力调查的重要组成部分，是确保国家历史文化遗产安全的重要措施，是我国文化遗产保护的重要基础工作。开展文物普查是为了全面掌握不可移动文物的数量、分布、特征、保存现状、环境状况等基本情况，为准确判断文物保护形势、科学制定文物保护政策和规划提供依据。"[8]

通过对上述遗址的整理工作，结合样品采集的价值、丰富程度以及遗址保存的完整度等有效信息，本文拟选择几处重点遗址加以介绍，以期将本次调查的重要成果加以呈现。

（一）观音垴遗址

本次调查在村路南北两侧均进行了踏查，共发现炼渣若干，并有早期陶片等，北侧大部地面塌陷，南侧为农田，有较多炼渣。采集到的炼渣已经做了 XRF 检测，检测结果表明，铅较高，4~10 左右，另外发现锰的存在，可能当地存在锰矿（图一~图三）。

图一　观音垴遗址具体位置

图二　观音垴遗址实景

图三　观音垴遗址实景

（二）火烧厂遗址

本次调查发现，火烧厂遗址地势西高东低，山上植被覆盖茂密，山上山下皆有炼渣，分布区域较广，除采集部分炼渣样品外，还采集有早期陶片、青铜器残片等（图四～图六）。

图四　火烧厂遗址具体位置

图五　火烧厂遗址实景

图六　火烧厂遗址实景

（三）野玉岭遗址

本次调查发现在遗址北、西、西南面地表暴露有大量炼渣和陶片，踏查过程中发现大量大块的炼渣，地表炉渣覆盖密集，并采集有早期陶片等遗物（图七～图九）。

图七　野玉岭遗址具体位置

（四）铜山尖遗址

先后两次赴铜山尖两个坡地进行踏查，西南侧邻近池塘部分南岸发现大量炼渣，北侧复查时发现含有陶片的地层，伴有大量陶片、少量炉渣和木炭。前期调查发现在

图八 野玉岭遗址实景

图九 野玉岭遗址地表炉渣覆盖情况

遗址北、西、西南面地表暴露大量炼渣和陶片，踏查过程中发现大量大块的炼渣，地表炉渣覆盖密集，并采集有早期陶片等，后来从背坡再次对铜山尖遗址调查，发现早期陶器以及同一地层伴随的炼渣、木炭屑等（图一〇～图一五）。

三、矿冶遗产价值与文化意义探析

通过前期调查，对阳新县境内遗址的分布、规模、保存状况等进行了初步评估，认为阳新县境内早期矿冶遗址分布较广，并且带有集中分布的趋势，多数位于近水平原地带。经对上述遗址的调查情况，目前已经对阳新县白沙镇、浮屠镇、富池镇部分墩台聚落遗址、近水平原地带遗址进行了充分调查，取得丰富的调查成果。上述遗址中，新石器时代、商周早期遗址居多，多数存在冶炼遗迹，地表能够采集到相关冶炼遗物、早期生活遗物等。根据上述调查情况，拟将有价值的10余个遗址进行多维度信息收集与复查。针对目前调查情况，针对亟待保护、具有重要价值的遗址推动当地相关部门进行发掘。

图一〇　铜山尖遗址具体位置

图一一　铜山尖遗址实景

图一二　铜山尖遗址南侧池塘南岸炉渣覆盖点

图一三　铜山尖遗址南侧池塘南岸炉渣覆盖情况

图一四　铜山尖遗址山顶古矿道　　　　图一五　铜山尖遗址地表采矿石锤

　　如前文汇报的内容，本次调查共采集相关炉渣、早期陶片、早期采矿石锤等共计60余袋，目前尚待进一步分类整理与检测分析。

　　例如，对采集的矿石及相关冶金遗物进行矿相、XRD、XRF、SEM-EDS、同位素、拉曼等相关科技检测分析，以获取更多的科学分析数据，进一步结合科学分析数据对当地冶金技术水平进行探索。

　　前期的矿冶遗址调查以及研究工作为矿冶文化形态研究提供了良好的田野支撑，接下来如何从更大范围、更深层次去探析黄石地区矿冶遗址的冶金技术内涵、考古学文化内涵，尚需更加丰富的田野工作来佐证。

青铜资源作为当时礼制维护和军事力量的重要象征，在当时统治集团的经略中占有重要地位。黄石地区依托丰富的矿产资源和悠久的矿冶文化，在鄂东南乃至长江中下游城市群的工业文明进程中都具有深远影响，此地素有"百里黄金地，江南聚宝盆"之美誉。深入挖掘黄石矿冶文化的精神内涵和时代价值，对弘扬优秀历史文化、推进资源枯竭型城市转型和推动经济发展方式转变，具有十分重要的历史与经济意义。

进一步来说，黄石地区源远流长的矿冶文化上承商周下启唐宋，直至现当代仍有矿冶文化新鲜血液输入，如此长时段、大规模、技术先进的矿冶遗址群，其历史价值、文化内涵，铸就了黄石地区特色的矿冶文化及工业遗产名片，体现出黄石地区深厚的矿冶文化根基，上述重要的古矿冶遗址群见证了辉煌的青铜时代，为中国青铜文明的辉煌提供了重要的物料来源和基础。上述调查工作能够填补长江中游大冶—瑞昌矿冶遗址群中间空白地域。商周时期矿冶遗址群作为黄石矿冶工业遗产的开端和重要一环，必将为黄石地区的申遗等工作提供实际的推动与助力。

注　释

［1］王巍主编：《中国考古学大辞典》，上海辞书出版社，2014年，第692页。

［2］湖北省文物考古研究所：《盘龙城——1963～1994年考古发掘报告（上）》，文物出版社，2001年，第503页。

［3］傅玥：《长江中游地区西周时期考古学文化研究》，武汉大学博士学位论文，2010年。

［4］李克能：《鄂东地区西周文化分析》，《东南文化》1994年第3期，第41～55页。

［5］崔春鹏：《长江中下游早期矿冶遗址考察研究》，北京科技大学博士学位论文，2016年。

［6］邹桂森：《江西瑞昌铜岭遗址商代冶金考古综合性研究》，北京科技大学博士学位论文，2019年。

［7］马景源、胡永炎：《黄石矿业开发史》，湖北人民出版社，2011年。

［8］国务院2007年4月4日发布《国务院关于开展第三次全国文物普查的通知》（国发〔2007〕9号）。

城市治理与工业遗产管理关系平衡机制研究
——基于全国工业遗产数据库建设路径的思考

韩 晗

（武汉大学国家文化发展研究院）

一、导论

作为人类现代化的重要遗存，工业遗产是人类工业化、城市化与走向现代文明的历史物证。"人类工业革命的历史，就是一部人类现代化的历史。"[1]中国虽然不是第一次、第二次工业革命的原发国家之一，但是这两次改变人类的重大革命对于中国的现代化之路有着极其重要的影响，并在中国形成了数量庞大的中国工业遗产体系。学界一般认为，中国的城市化源自近代以来的西风东渐，而这又与全球化工业运动具有一致性[2]。工业遗产管理既是文物保护工作的重要组成，也与城市治理密切相关。

城市治理是以城市这个开放的复杂巨大的系统为对象，以城市基本信息流为基础，采用法律、经济、行政、技术等手段，通过政府、市场与社会的互动，围绕城市运行和发展进行的决策引导、规范协调、服务和经营行为[3]。从实践层面上讲，城市治理与工业遗产管理之间的关系平衡与否，决定了工业遗产是否保护得当、利用合理与城市治理的优化是否实现。但因为两者分工目前在我国分属不同的部门，在具体研究中又隶属不同的学科，导致在工作观念、操作方法与理论阐释中，都存在着较大的差异甚至分歧[4]。

从部门分工来看，工业遗产管理权责归属于文物系统，如果被评定为省级以上文保单位，地方文物部门只有执法、管理权力，而考古发掘资质与计划许可、文物保护工程资质审批等权力都归属于国家文物局，但城市治理却是"一地之责"，大量工业遗产处于城市中心地带，对城市治理特别是土地规划影响甚大。因此，一系列城市治理与工业遗产管理"打架"的事件层出不穷，如湖北黄石"苏联专家楼"为城区建设让路而被迫拆迁[5]、南京下关洋行被拆成"骨架"[6]、温州陶化罐头厂一方面被列入工业遗产名录一方面又被划入拆迁范围[7],等等。不少工业遗产成为连片危房。

我国工业遗产管理实践与研究工作起步较晚。2006年5月,国家文物局发布了《关于加强工业遗产保护的通知》,标志着我国工业遗产实践工作的正式开始;2007年4月,第三次全国文物普查启动,工业遗产首次受到重点关注。此后,国内相关大专院校、科研院所才开始设立有关工业遗产的研究机构,中国文物学会也成立了工业遗产专委会。因起步晚,城市治理与工业遗产管理关系失衡问题一时难以缓解,甚至工业遗产"拆"与"保"这类早该有共识的基础问题,还一度争论不休[8],这使得城市治理与工业遗产管理之间的关系长期处于失衡状态。

但两者关系并非无法平衡。习近平总书记2018年11月视察上海时指出:"城市治理是国家治理体系和治理能力现代化的重要内容。一流城市要有一流治理,要注重在科学化、精细化、智能化上下功夫。既要善于运用现代科技手段实现智能化,又要通过绣花般的细心、耐心、巧心提高精细化水平,绣出城市的品质品牌。"[9]事实上,两者关系失衡很大程度上是工业遗产管理科学化不足、精细化不够、智能化缺乏等现实问题所致,解决上述问题有助于平衡两者之间的关系。

本文认为,建设全国工业遗产数据库是平衡两者关系的重要路径。2020年6月,国家发展改革委等五部委联合下发《关于印发〈推动老工业城市工业遗产保护利用实施方案〉的通知》,明确要求"各老工业城市开展工业遗产的调查、评估和认定工作。有关部门加强对老工业城市工业遗产保护的业务指导,完善工业遗产档案记录,建设工业遗产数据库,及时向社会公布工业遗产清单"。工业遗产数据库建设也是近年来学界的热门话题。据不完全统计,自2015年以来,与工业遗产数据库建设有关的学术论文有近200篇(当中中文论文近30篇),通过谷歌学术与research gate网站联合检索,"数据库"(database)已经成为以"工业遗产"(industrial heritage)为主题学术论文的关键词之一。相关研究所涉及的内容也各种各样,如建设合作研究的学术共同体数据库,以服务工业遗产决策工作[10],或基于GIS建构国内具体某个城市工业遗产的动态数据库[11]等。此外,还包括对现有工业遗产数据库如日本工业遗产数据库[12]的经验介绍等,但关于全国工业遗产数据库建设路径的,则无所见。

借此,本文拟以城市治理与工业遗产管理之间如何取得平衡这一现实问题为切入点,从科学化、精细化与智能化这三个层面,探讨如何通过全国工业遗产数据库建设来平衡城市治理与工业遗产管理二者的关系,并试图提出具体对策建议。

二、问题的提出

尽管城市治理与工业遗产管理两者之间在短期内难以取得绝对平衡,但至少可以取得一个相对的平衡关系，核心关键在于：如何形成共识性的"保护/利用"定级制度，而不是各据一地、自说自话。具体而言，城市治理与工业遗产管理关系的失衡，主要体现在彼此诉求之间的矛盾，再加上主管机构权力的不对等、不同知识谱系造成思维方式的差异与利益立场的分歧等，显然会放大这一矛盾（图一）。

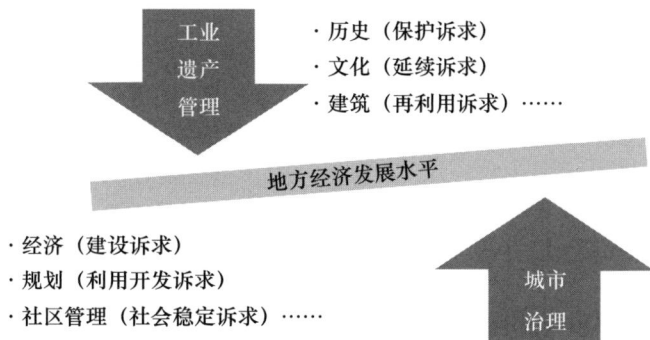

图一　城市治理与工业遗产管理关系平衡框架

（作者自绘）

陈宁等的研究显示，地方经济发展水平对于遗产保护有着正向意义[13]。地方经济发展水平与城市治理水平具有一定的正关联性，它决定了城市治理与工业遗产管理关系的平衡程度。但我国目前经济发展并不平衡，故而工业遗产管理水平也存在着跨区域差异性，形成全国范围内工业遗产保护的共识尤其重要。

全国工业遗产数据库的缺乏，使我国工业遗产的"全部家底"仍未摸清，政产学研各界对工业遗产的总体状况仍缺乏足够了解，更使得个体工业遗产在面临"保护/开发"的具体决策甚至"拆"或"保"的争论时，难以有据可依、有级可定、有规可循。本文认为，以全国工业遗产数据库为基础的共识性平台的建设，或为破题之术。

（一）工业遗产总体观的建构

城市治理与工业遗产管理的关系失衡，导致目前不少事关工业遗产的决策缺乏"全国一盘棋"的大局观，而且造成了目前工业遗产管理理论化较低，从以往的研究成果来看，国内学界对工业遗产概念、价值等方面的研究成果，多局限于工业遗产的经济学视角或建筑艺术学视角[14]。在研究学科方面，可以看出以建筑学为主的建筑及相关学科占有绝对的优势，其他学科则介入不足，这使得许多现实问题鲜有理论回应。因此，政产学研界应将工业遗产管理置于包括社会结构变革、文化环境变迁与城市改造更新的城市治理工作之中，以动态、全貌、科学的总体观来把握工业遗产管理。

工业遗产的总体观应当包括如下三个维度。一是地域上的总体观，即将全国工业遗产视作一个整体，进行总体布局、系统规划与全面研究；二是管理上的总体观，即将城市治理与工业遗产管理合而观之，既考虑工业遗产的保护、开发等问题，更应虑及工业遗产、城市改造更新与土地规划之间的关系；三是类型上的总体观，经过城市改造更新之后，工业遗产的分布逐渐从有序过渡到无序，应当对不同的工业遗产在类型上有一个全国范围内的总体认识，如码头工业遗产、矿山工业遗产等，从而制定与之相适应的保护标准。

建构工业遗产总体观实际也是国际工业遗产界的共同难题，但并非无计可施，一般来说，在处理工业遗产与城市治理时，会兼顾多方利益建构一种复合多元价值观的参评体系[15]。本文认为，以"云数据"为核心的全国工业遗产数据体系在较大程度上可以纾此困局。大数据的客观性、全面性与精确性，将在平衡城市治理与工业遗产管理两者关系中有积极作用。

（二）工业遗产管理观念的转变

作为城市化的重要遗存，工业遗产主要分布在各城市中心地带。但因城市治理与工业遗产管理关系的失衡，再加上城市间发展不平衡，导致相当多的工业遗产在经济发展较差、观念较落后的城市中被毁坏甚至拆除。因此，工业遗产管理亟须观念上从单向理念向复合理念转变。

单向理念指的是在工业遗产管理观念上，将保护与开发、修缮与利用、文物保护与城市更新相对立。这导致了工业遗产既无法活化改造，亦难服务于城市更新。我国工业遗产主要集中在京津冀和长江中下游两大地区，总体东多西少，且多集中在省会城市。不同城市之间存在着明显的发展不平衡与观念的差异性，在相当大的范围内，单向理念主宰着当地工业遗产的命运。

调研发现，目前我国工业遗产目前总体呈三种情况：一是国家或区域中心城市的工业遗产不但得以有效保护，而且得到了合理利用，处于管理较为得当的层面；二是一些省会或省内重要城市的工业遗产，基本上处于保护、闲置或待利用状态；三是经济水平较差的城市，工业遗产基本上自生自灭或被拆除。在现实情况下，我国工业遗产管理的水平并非完全由遗产本身的历史文化价值决定，而是与遗产所在地的经济、观念等客观因素直接相关，这也是单向理念泛滥的原因所在。

单向理念向复合理念的转变是世界工业遗产界的共同问题，举例而言，法国部分城市因为经济衰落，使得工业遗产存在保护无策的局面。但当地文物部门以历史空间数据基础设施（Historical Spatial Data Infrastructures，HSDI）取代传统的地理信息系统，将工业遗产管理与城市复兴相结合[16]。针对处于经济不发达地区的工业遗产，应当借助全国工业遗产数据库，根据分级分类标准，在对相关指标进行综合考量之后，为具体工业遗产制定改造更新方案，以城市复兴为抓手，推动工业遗产街区的现代化改造，使之在保护工业遗产的同时，成为具有居民容纳量与公共空间的现代化街区。就此而言，在推动工业遗产管理观念的转变中，应当重视数据库技术的应用。

（三）先进技术的介入

先进技术介入本是近年来我国遗产保护工作的重心，但因为工业遗产管理起步晚，造成先进技术介入率不高。这使得我国工业遗产管理技术含量有限，许多地区的工业遗产甚至沦为近似美国"锈带"地区的"危房群"，造成了城市治理与工业遗产管理的"双输"局面，导致两者关系进一步失衡。

就目前技术介入而言，人工智能、虚拟现实、增强现实、云数据、3D遥测成像等技术已在全国重点文物、重要历史档案与重点古籍的数据库建设中得到广泛应用，数字化、集成化与网络化技术已在文物文献的管理中发挥实效。因此先进技术介入工业遗产管理并不存在技术瓶颈。

全国工业遗产数据库是先进技术介入工业遗产管理的重要抓手。目前，学界对工业遗产数据库的讨论仍集中在关注一般意义上的地理信息系统或档案信息数据库上[17]，对于以服务决策的数据库仍缺乏足够重视。再加上数据库建设目前仍停留在经验介绍而非实践阶段，使得大量尖端科技人才无法流入工业遗产领域，而在国内高等（职业）教育体系当中，工业遗产相关人才培养又未完全专业化，上述实际都是加剧城市治理与工业遗产管理关系失衡的不利因素。

三、数据库建设路径：科学化、精细化与智能化

从技术上看，本文所言之全国工业遗产数据库是一个基于云储存与开放存取技术的数据归聚中心。数据是人类古已有之的产物，在数字时代之前，人类就通过卡片、纸质档案等手段建构了各种需要的数据库。早在20世纪60～70年代，就有人提出要为工业遗产建"数据库"的设想，譬如英国工业遗产保护先驱德卡迪（Beatrice de Cardi）曾如是定义她所期待的工业遗产数据库："与其说（数据库）是一个全面的名单，不如说是一个指南。"[18]

以数据库的方式统筹工业遗产管理，其他国家相关经验在建设路径上可以借鉴。比如，运用航空激光雷达探测矿冶遗产（矿坑）的数据从而形成全国范围内的遥感数据库，用于监控地质灾害对工业遗产可能带来的影响[19]。或从国家文物管理部门的考古调查职能的角度出发，建构一个研究、保护与利用三结合的遥感大数据库，如苏格兰历史环境局（Historic Environment Scotland，HES）的快速考古测绘计划（Rapid Archaeological Mapping，RAMP）[20]。此外，还有欧盟委员会的"地平线2020"计划（the Horizon 2020 Programme），当中也涉及工业遗产的保护项目等，这都是数据库平

衡城市治理与工业遗产管理关系、指导工业遗产保护利用的示范。

伊萨贝尔·帕尔马（Isabel J. Palomar）等认为，工业遗产数据库的建设原则首先应当遵循可复制的范例性，即建构一个可以复制的独立数据库（independent database）[21]；但中国的工业遗产有其特殊性，一是在时间上工业化远不如英国、德国等老牌资本主义国家长，因此不存在两百年以上极度濒危的工业遗产；二是国土面积极度辽阔，存在着内容杂、分类难、缺乏体系化管理等现实问题。借此，全国工业遗产数据库在宏观上建议按照如下原则：以某个具体且有代表性的城市为标准，建构一个集影像与文献、地质与气象灾害实时监控、城市规划与区位因素、GIS数据等指标于一体的独立数据库，然后以此为参照，再建构不同城市但规模有差异的同类数据库，并陆续将数据信息汇总集中，最终形成全国范围的总数据库。

此外，在具体运营中，还应借鉴国际上通行的自由内容（free content）与开源（open source）方案。一方面，数据库应当包括的工业遗址3D成像、框架与各项指标的制定以及其管理、维护，应由国家文物管理机构牵头完成；另一方面，除了专门的文物管理机构之外，全社会任何人都有权利发现、记录或分享每一处工业遗产，并将其情况上传至数据库，最终由专业人士审定、勘察、发布并不定期更新，而所有数据都将被写入区块链[22]。

（一）科学化导向

城市治理与工业遗产管理关系失衡还有一个原因是工业遗产管理决策科学化的缺乏，如过度保护或过度利用等。许多具有城市审美提升能力、经济转型价值的工业遗产，因为缺乏必要的监测、评估机制，成为城市治理与工业遗产管理的"双真空"地带，面临被拆除或是保护过度的风险。学界一般认为，工业遗产的适宜性保护及再利用的规划应该先从其具有的价值入手，以此来决定工业遗产是否具备保存和后续的规划价值[23]。以复合理念与先进技术推动决策的科学化，应是全国工业遗产数据库建设的导向之一。

通过数据库的具体量化指标为工业遗产定级，从而对国内工业遗产的"家底"有一个准确、精细的把握并予以系统化分级是行之有效的方案。举例而言，针对某一个具体的工业遗产，可以建构濒危程度、利用价值、利用难度、应保程度、人流数量等五个指标，并形成可视化、实时性的监测系统，最终立足全国大局对某个具体工业遗产的动态评级。

事实上，目前将类似方案放置在针对有争议或是重点关注的工业遗产进行动态监控的尝试，但只是基于地理信息系统进行观测[24]。但工业遗产本身具有复杂性，除了地理因素之外，还包括地质、气象、水文、城市规划与历史文化等多重因素，故而应当借助科学性导向的全国工业遗产数据库，最终形成更具公信力的评判框架。

（二）精细化导向

与其他物质文化遗产的区别在于，工业遗产具有多样化特征，既包括矿山、厂房、铁路、水坝，也包括码头、车间、社区等，不同的工业遗产很难按照某一个标准进行定级。因此在指标设置与具体评级上必须是多元且动态的[25]，这要求全国工业遗产数据库建设必须要以精细化为导向，以对具体的工业遗产进行准确、公正、客观的兼顾性判断。

精细化是指将全国工业遗产按照不同级别、不同地域、不同规模进行分类，推动工业遗产保护的类别化、利用的多样化与管理的人性化，从而达到具体问题具体对待的细化标准，这就要求在管理过程中杜绝粗放式、形式化，摒弃之前"一阵风"式的保护、"一刀切"式的利用与"一张纸"式的决策。

实际上，目前工业遗产仍然按照我国"四级文物保护"的级别来定级，但这种定级方式难免精细化不足。不少工业遗产始终处于使用状态，当中既有优秀历史建筑，也有新近建设的厂房，而且许多工业遗产处于城市中心，如果全部划为"重点保护文物"，不但不利于利用，还会加剧城市治理与工业遗产管理间的失衡。随着我国城市化进程的快速推进，较多列入文物保护单位名录的工业遗产实际上处于"只保护不利用"的闲置状态，游客寥寥，参观价值乏善可陈，社会教育意义也难以彰显，价值流失较为严重，"保护过度"显然违背了文物保护的初衷。

但另一方面值得重视的是：与许多国家相比，作为文明古国的中国，"工业遗产"在文物遗存当中只能算是"小弟弟"，因此长期鲜以遗产珍视之。工业遗产所处位置大多具有经济区位优势，如果未能列入"省保"或更高级别，受城市土地利用利益驱动影响，它们往往在城市更新改造前被拆除，就算"逃过一劫"的一部分遗产，也在闲置过程普遍缺乏保护，并在自然环境的侵蚀下遭到破坏，甚至在"保护不足"中灰飞烟灭[26]。

无论是保护过度还是保护不足，归根结底仍是精细化不够的问题。全国工业遗产数据库建设必须因地制宜，结合当地经济、人文、地理等因素与工业遗产本身的结构、材料、历史等因素进行特殊化、个性化、专业化的动态评估，这里可以借鉴英国的濒危遗产登录方式"濒危遗产"，由国家和地方政府进行评估，建立濒危程度分析，帮助确定遗产保护优先权和资金分配[27]。

具体来说，在参考国际相关标准基础上制定五个分级方案，即"完全保护""保护性开发""改造性开发""部分拆除""基本拆除/原址重建"。而上述五个分级方案，则通过改造方向、改造路径、改造要点与改造环境等四个参照指标的模型进行统筹决定（图二）。

每一个指标可以作为具体工业遗产本身的评分标准，但并非恒定而是动态加权之

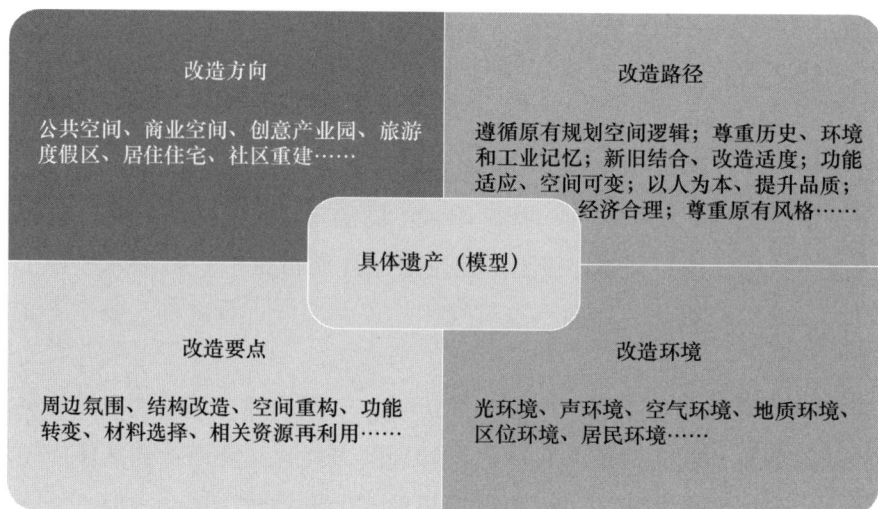

图二　基于五个分级方案的具体遗产改造的四个参照指标框架
（作者自绘）

后的结果，加权方式则按照不同遗产的类别进行制定。同一个工业遗产，在不同的时期，其改造的策略、方向或并不相同。这既与工业遗产本身的状况有关，也与周围城市环境、城市不同时期的发展定位相关，因此需要依靠数据库进行精细化的科学决策，从而进一步平衡城市治理与工业遗产管理之间的关系。

（三）智能化导向

智能化是所有数据库建设的核心，就全国工业遗产数据库而言，智能化应当包括区块链（不可修改性）、共享计算（算法先进性）、遥感测量成像（精准性）、人工智能（图像语言识别与模拟）等前沿技术。

由于工业遗产所涉及的范围极广，不仅包括与工业遗产相关的建筑物、机械设备，也包括与工业相联系的社会活动场所，如住宅、办公、教育等机构场所等巨大的空间[28]。城市治理与工业遗产管理关系难以平衡的关键问题是空间的争夺。如何以智能化为导向，利用数据库尽量让空间最大合理化使用，以符合各方利益诉求。在诸多智能化技术中，以区块链技术与增强现实（AR）技术最值得关注。

区块链技术是由于它可以追溯到每一个信息存在过的痕迹而拥有了"不可伪造（修改）性"，目前区块链技术已开始应用于文物保护工作，但主要是小型文物修复领域[29]。之于工业遗产管理工作而言，区块链技术嵌入数据库的意义同样不容忽视。当数据库即时、客观地抓取与遗产改造本身有关的信息时，可以以哈希值的方式记录在区块链上，从而通过抓住每一个改造程序所涉及信息的共同点与连接点，形成工业遗产全程可追溯且不可修改的保护过程，避免城市治理决策中的误判与漏判。

举例而言，某地工业遗产经过数据库相关指标评判之后，决定"改造性开发"这一方案，最终目标为包括一个公益美术馆在内的商业综合体，由工业遗产管理部门与城市规划部门一同完成前期决策工作。在进行决策的过程中，首先确定关于空间的修改、再利用等关键性步骤，形成双方共识。在具体施工时，再将这些关键性步骤写入大数据库的区块链，为后续工业遗产的风险控制、继续开发与历史还原提供必要且准确的参考数据。区块链以不可逆与不可修改的特性，在当中起到记录、作证与数据保存的作用。

而增强现实则是一种将虚拟信息与真实世界巧妙融合的技术，目前国际工业遗产界普遍将其应用于工业遗产旅游领域，但从工业遗产保护与利用的角度出发，则可以把 AR 技术同遥感技术一起运用在前期数据库的建设和后期的利用上，尤其通过数据库来对工业遗产进行维修、维护、保护和再建筑、再利用的时候，需要专门的团队和当地有关部门来即时监控相关具体遗产的情况并调整其定位以及发展方向，并与区块链等相关智能技术形成技术的耦合效应。

四、结语

平衡城市治理与工业遗产管理二者关系是一个涉及各方关系、利益的复杂问题，并非只依靠全国工业遗产数据库就能解决，而必须要顾全存量规划需求大局[30]。因此需注重不同问题的特殊性，决策是一项高度依赖人力、智力的行为，技术并不能取代而只能辅助决策。

此外，还有两个问题值得在数据库建设中重视。一是在"双循环"经济大势下，尤其是以"内循环"为主的形势下，增强文旅行业与工业遗产的合作机制。从体量上看我国工业遗产的保护性开发程度远低于世界发达国家，大量散布在地级市或县域城市中心地带的工业遗产处于荒弃、闲置状态，利用数据库全面盘点、活化利用这些"家底"，不但可以有效平衡城市治理与工业遗产管理之间的关系，更有助于我国文旅行业对接"内循环"战略，这应是数据库应具备的一个功能。二是应当在建设全国工业遗产数据库的同时，在制定政策与服务决策上做到与时俱进、优化更新，对工业遗产管理大局有一个更加明确、细致的顶层设计，以推动全国工业遗产数据库建设。

注　　释

[１]　Rodwell D. The World Heritage Convention and the exemplary management of complex heritage sites. Journal of Architectural Conservation, 2002, 3: 40-60.

[２]　相关论述可参阅陈旭麓《近代中国社会的新陈代谢》、熊月之《西风东渐与近代社会》与费维恺

《中国早期工业化：盛宣怀（1844—1916）和官督商办企业》等著述。

［3］　朱建江：《城市学概论》，上海社会科学院出版社，2018年，第665页。

［4］　刘苗卉、李芮、姜伟超：《中国工业遗产保护的困境与启迪》，《半月谈》2014年8月19日。

［5］　石教灯：《"小红楼"保卫战》，《东楚晚报》2013年7月5日第8版。

［6］　《下关和记洋行百年厂房拆得只剩"骨架"，文物部门紧急叫停》，《扬子晚报》2017年12月18日第4版。

［7］　《新发现工业遗产面临尴尬》，2008年4月15日，http://news.sina.com.cn/s/2008-04-15/075713738536s.shtml.

［8］　何悦、段续：《"拆"与"护"：工业遗产的命运困局》，新华网，2013年6月8日；高磊：《从拆到保，工业遗产迎来再生时代》，《城乡建设》2019年第24期；李钢：《工业遗产拆还是不拆》，《广州日报》2014年12月18日；等等。

［9］　习近平：坚定改革开放再出发信心和决心　加快提升城市能级和核心竞争力［EB/OL］.（2018-11-08）［2023-4-20］. http://cpc.people.com.cn/big5/n1/2018/1108/c64093-30388112.html.

［10］　Zhang J, Cenci J, Becue V, et al. Recent evolution of research on industrial heritage in Western Europe and China based on bibliometric analysis. Sustainability, 2020, 13: 5348.

［11］　孙晓峰、姚敏瑛、季宏：《福州近现代工业格局演变：基于GIS应用的城市工业遗产格局调查研究》，《自然与文化遗产研究》2020年第2期，第102～112页。

［12］　Morishima T. A comparison of conservation policies for the industrial heritage of Japan's modernisation and their promotion. Entreprises et histoire, 2017, 2: 51-68.

［13］　陈宁、周炳中：《城市化进程下的旧城改造和历史文化遗产保护》，《经济论坛》2007年第1期，第39～42页。

［14］　阙维民：《世界遗产视野中的中国传统工业遗产》，《经济地理》2008年第6期，第1040～1044页。

［15］　Kalliopi Fouseki, Torgrim Sneve Guttormsen, Grete Swensen. Heritage and Sustainable Urban Transformations: Deep Cities. London: Routledge, 2019: 40-51.

［16］　Trepal D, Lafreniere D, Gilliland J. Historical spatial data infrastructures for archaeology: Towards a spatio-temporal big data approach to studying the post-industrial city. Hist. Archaeol, 2020, 54: 424-452.

［17］　青木信夫、张家浩、徐苏斌：《中国已知工业遗产数据库的建设与应用研究》，《建筑师》2018年第4期，第76～81页。

［18］　De Cardi B. Qatar Archaeological Report: Excavations 1973. Oxford: Oxford University Press, 1978: 39-40.

［19］　Gallwey J, Eyre M, Tonkins M, et al. Bringing Lunar LiDAR back down to Earth: Mapping our industrial heritage through deep transfer learning. Remote Sensing, 2019, 17: 1994.

［20］　Cowley D, Banaszek Ł, Geddes G, et al. Making LiGHT work of large area survey? Developing approaches to rapid archaeological mapping and the creation of systematic national-scaled heritage data. Journal of Computer Applications in Archaeology, 2020, 1: 109-121.

［21］　Palomar I J, Valldecabres J L G, Tzortzopoulos P, et al. An online platform to unify and synchronise heritage architecture information. Automation in Construction, 2020, 110C.

［22］　近年来，一些国家的地方政府越来越鼓励公众以参与大数据编写的形式参与到城市治理当中，形成了以公众舆情推动城市治理的路径，如果将工业遗产管理视作城市治理的一部分，我们应当借鉴这一方面的先进经验。

［23］张健、隋倩婧、吕元：《工业遗产价值标准及适宜性再利用模式初探》，《建筑学报》2011年第S1期，第88～92页。

［24］高府斌、高祥祥、刘长飞：《基于GIS浅谈工业遗产数据模型库的建立方法的研究——以洛阳涧西区2#街坊为例》，《建筑工程技术与设计》2017年第10期，第4820、4821页。

［25］Alfrey J, Putnam T. The Industrial Heritage: Managing Resources and Uses. London: Routledge, 2003: 90-91.

［26］王一帆：《株洲市工业遗产的特征与构成研究》，《北方建筑》2020年第1期，第40～44页。

［27］罗文婧、张路峰：《从工业考古学视角看英国工业建筑遗产研究》，《建筑师》2020年第1期，第69～77页。

［28］Rothwell M. Industrial Heritage: A Guide to the Industrial Archaeology of Accrington: Including the Villages of Altham, Huncoat and Baxenden. London: Mike Rothwell, 1978: 2-3.

［29］Whitaker A, Bracegirdle A, de Menil S, et al. Art, antiquities, and blockchain: New approaches to the restitution of cultural heritage. International Journal of Cultural Policy, 2020, 6: 1-18.

［30］曾锐、李早：《城市工业遗产转型再生机制探析——以上海市为例》，《城市发展研究》2019年第5期，第33～39页。

汉冶萍铁路历史演进与遗产价值研究

廖启鹏[1,2]　王　哲[1]

（1. 中国地质大学（武汉）公共管理学院　2. 黄石市文物保护中心）

一、引言

　　黄石市是一座传统资源型城市，汇聚了体现中国古代至近现代社会转型发展过程中最高生产力水平的矿冶工业遗产。矿冶活动从商周延续至今，既有3000余年采矿史的铜绿山矿，也有大量散布于城市中的冶金、钢铁、水泥等近现代工业遗存[1]。黄石矿冶工业遗产类型多样、系统完整，在世界范围内罕见，是《中国世界文化遗产预备名单》中唯一的工业遗产类型。汉冶萍铁路又名大冶铁路、大冶铁矿运矿铁路或铁山运道，是中国现存运行时间最长的城市轨道铁路，其与长江航道的联运也是中国第一条铁路与内河航道的联运系统[2]。汉冶萍铁路东西横贯整个黄石，作为唯一线性遗产串联起黄石市分散的工业遗产点。汉冶萍铁路多次更新导致周边遗留的配套建构筑物数量不多，且作为货运线路仍在使用中，导致其价值被埋没。当前，对汉冶萍铁路的研究缺乏体系，特别是没有全面阐释和认知其遗产价值，导致保护工作面临严峻挑战。城区部分铁轨已被拆除，汉冶萍铁路面临严峻的生存危机，迫切需要研究其遗产价值，重塑其在黄石矿冶工业遗产中的重要地位，为全面保护汉冶萍铁路遗产奠定基础。

　　价值问题是铁路遗产最核心的问题。在国际上，遗产的价值评估最早可以追溯到1902年意大利学者里格尔（Alois Riegl）的研究，他提出遗产的价值分为年代价值、历史价值、相对艺术价值、使用价值、崭新价值[3]；1979年《巴拉宪章》在艺术、科技、历史等本体价值之外，提出文化和社会价值[4]；1990年，俄罗斯学者普鲁金（О. И. Prutsin）在探讨建筑价值时将其分为"内在的价值"和"外在的价值"两大类[5]；基于此，2002年哥伦比亚大学教授特萨特菲尔德（Theresa Satterfield）将不因人、社会、生物、生态需求改变的与生俱来的价值定义为固有价值[6]，此后国际上相关研究不断深入。"全球战略"（Global Strategy，1994）后铁路遗产作为重要类型被国际工业遗产保护委员会（TICCIH）列入工业遗产，并根据广义上世界文化遗产的6项标准价值评定[7]，紧接着国际古迹遗址理事会（ICOMOS）对铁路遗产地提出四条针对性价值评定标准"创造性工程价值"、"交流价值"、"典型案例的典范价值"和"社会经济发展历程的见证价值"[8]。2003年《下塔吉尔宪章》明确了工业遗产的历史、技术、社会、建筑或科学等一般性价值。目前共有5条铁路（3个项目）被列入《世界遗产名录》的铁路遗产（表一）。

表一　《世界遗产名录》中的铁路遗产

项目名称		所属国家	建成年代	入选年份/年	特点概述	入选标准
塞默灵铁路		奥地利	1848～1854年	1998	开创迂回攀升的铁路展线的施工技术；欧洲铁路技术在复杂地形建设山地铁路的典范	C（ii）（iv）
印度高山铁路	大吉岭喜马拉雅铁路	印度	1879～1881年	1999	最早使用人字形和马蹄形的线路设计理念；交通运输带动山区经济发展的杰出典范	C（ii）（iv）
	尼尔吉利铁路		1891～1908年	2005	使用的窄轨单线齿轮轨道技术享誉全球；亚洲运行坡度最陡的铁路，环山铁路的典范	C（ii）（iv）
	卡奥卡西姆拉铁路		19世纪中叶	2008	最高的多弧廊桥和世界上最长的隧道（施工时）是重要的工程技术应用	C（ii）（iv）
雷蒂亚铁路（阿尔布拉-贝尔尼纳）		瑞士&意大利	20世纪初	2008	一条过山铁路对两条线路连接创新解决方案；人与自然关系繁荣时期的重要标志	C（ii）（iv）

国内工业遗产价值研究成果主要有天津大学中国文化遗产保护国际研究中心的系列成果，该中心2014年推出了《中国工业遗产价值评估导则（试行）》[9~11]；刘伯英等提出了工业遗产的构成与价值评价方法，凝练了中国工业遗产的核心价值等[12, 13]。国内铁路遗产研究主要集中于滇越铁路和中东铁路两条近代中国的国际铁路，重点研究了遗产价值、与城市的关系和保护策略等[14~17]；刘丽华等从文物保护单位的视角研究了中国近代铁路遗产的突出的普遍价值，认为目前主要关注铁路遗产点，忽略了铁路遗产作为大尺度线性遗产的整体价值[18]；徐中华等提出了三种铁路遗产的激活模式[19]；关于京张铁路、杭州铁路等的活化利用也有涉及[20~22]。目前我国铁路已进入

高铁网络化时代，汉冶萍等近代铁路由于线路老化和城市建设等影响逐渐废弃乃至拆除，迫切需要梳理遗产价值并进行整体保护。

二、汉冶萍铁路发展历程与功能变迁

（一）汉冶萍铁路发展历程

近代时期黄石市被称为大冶或大冶工矿区，区域内曾先后建设汉冶萍铁路和象鼻山铁路。其中汉冶萍铁路又被称为大冶铁路、大冶铁矿运矿铁路或铁山运道，其发展历程可简单分为三个阶段（表二）。

表二　汉冶萍铁路发展历程

时期	铁路线状况
建设时期 （1891～1937年）	修建铁山至石灰窑段； 扩狮子山等支线； 石灰窑至大冶铁厂扩建铁路
抗战时期与 解放战争时期 （1938～1949年）	国民政府被迫拆除铁路； 日军重建汉冶萍铁路线全线； 自石灰窑至沈家营扩建铁路； 解放战争中部分铁路损毁
新中国成立后 （1949年至今）	华中钢厂修复铁路； 自铁山至武汉扩建武大线； 全线更换钢轨提速

1. 建设时期（1891～1937年）

1890年湖广总督张之洞推动大冶铁矿开发，之后为铁矿运输提供便利，决定修建汉冶萍铁路。铁路由德国工程师时维礼设计，历时1年完成建设，全长约26.3千米[23]。汉冶萍铁路火车发于铁山站，经盛洪卿小停，至下陆驿（下陆中心站）约13千米，接着沿磁湖南岸经李家坊小停，终至石灰窑江边码头。为扩大资源规模，1896年盛宣怀命令开挖狮子山、野鸭坪等矿山并扩建6条汉冶萍铁路支线。1916年李家坊站废弃，建龚家巷站。1919年又废盛洪卿站，新设铜鼓地站。同年因汉冶萍公司成立后在近西塞山之所开建大冶铁厂，汉冶萍铁路向东南再次加建，并同步扩建下陆机修厂、枕木厂等工厂[24]。这一阶段，诸多工业企业如雨后春笋般在铁路周边建厂生产，如王三石煤矿、李士墩煤矿和湖北水泥厂等。汉冶萍铁路是汉冶萍公司庞大运输线路的重要组成部分。大冶铁矿开炉炼铁后，萍乡煤矿的煤炭经武昌顺长江运至大冶石灰窑，经汉冶萍铁路运至大冶钢厂。汉冶萍铁路与长江航道组成了联运系统，是中国第一条铁路与内河航道的联运系统。

2. 抗战时期与解放战争时期（1938～1949年）

1938年日军侵华逼近黄石，国民政府被迫破坏两条城市铁路，并将未运输的铁路设备沉入长江，桥梁、机车、矿车和下陆至大冶铁厂段的路基全部炸毁。日军占领黄石后打捞沉水器材，重修汉冶萍铁路并扩大运输量以供日方铁矿资源之用，于1939年正式通车。此后为取代原象鼻山铁路和连接大冶电厂、水泥厂等重要工业，日方自石灰窑到黄石港的沈家营加建汉冶萍铁路支线，并将其铁路原线路改为象鼻山公路。1945年后，汉冶萍铁路由国民政府接管修复，自此汉冶萍铁路全线长度达到了约36.7千米。

3. 新中国成立后（1949年至今）

新中国成立后，由于汉冶萍铁路在解放战争后受损严重，政府遣华中钢铁公司（现新冶钢公司）修建铁路。1955年，经铁道部审批使汉冶萍铁路客货同行向西北连通武汉，原料输送方式转变为铁路直运。此后1980年，汉冶萍铁路全线更换钢轨并提速，并在1990年武大线与大沙线接轨，改称武九线，接通铜绿山古铜矿遗址，汉冶萍铁路线仅供城际客货运输，并开通城际专列。

2013年以后，汉冶萍铁路已取消客运，全线仅有每日2列专线往返于铁山与新冶钢之间，但1949年后沿铁路而建的诸多工业企业仍以带状林立铁路两侧，共同构成黄石工业景观带。

（二）汉冶萍铁路功能变迁

汉冶萍铁路诞生至今已近130年，其所经历的不仅仅是历史的发展，也是历史背景下铁路功能与性质的不断变迁（表三）。首先，汉冶萍铁路镌刻着从材料进口到自主生产、从引进设计规划到自主修复的国家轨道技术进程与多种铁路遗留痕迹。其次，汉冶萍铁路经历了入不敷出的合资、殖民主义运营、企业独立专营及国家管控等多次、多种复杂转变，这种转变映射黄石工业发展的兴衰历程。最后，汉冶萍铁路拥有由铁矿原料专线，到多种、多向货运和从矿场工人的市内交通，到客货混合的变迁过程，直观体现黄石市的近代工业进程。

表三　汉冶萍铁路的功能性质变迁

时期	建设方	特点	功能
建设之始 （1892～1938年）	中德合资企业	早期政府运营；后期为汉冶萍公司运营 （运输铁矿石原料及还德债； 无偿运输铁矿石原料经水路至日本； 运输铁矿石原料至铁、钢厂自用）	煤铁矿石原料运输； 客运工矿厂工人

续表

时期	建设方	特点	功能
抗战时期 （1938~1945年）	日本	日军运营 （无偿运输铁矿石原料至株式会社大冶矿业所冶铁； 无偿运输铁矿石原料经水路至日本）	煤铁矿石原料运输； 运输征用劳役
解放战争初期 （1945~1948年）	国民政府	国民政府运营 （连接电厂、水泥厂、矿场、铁厂等）	煤铁矿石原料、加工工业产品运输； 客运工矿厂厂工人
解放战争末、 新中国成立初期 （1948~1955年）	华中钢铁公司	华中钢铁企业专营	煤铁矿石原料运输； 客运工矿厂厂工人
1955~2013年	国家铁路	铁路局运营 （连接至武汉的城际铁网）	煤铁、石油、水泥等双向运输武汉； 城际旅游客运专列
2013年至今	国家铁路	铁路局运营 （铁路一分为二：武九、铁黄）	铁黄段取消客运，武九段仍在使用； 每日2列新运输专列

三、汉冶萍铁路与近代黄石城市格局演变关系

不同于其他城市，黄石城市空间发展呈现一种自上而下的模式，即铁路运输确立黄石城市基础骨架，工矿企业建设促使城市格局形成（表四）。从城市空间演变过程来看，汉冶萍铁路从近代以来在不同时期、不同阶段的黄石城镇发展中都起到重要作用，城市空间的起始便是以铁路站点为中心，铁路线为纽带形成的，下陆区从无到有的过程是最具代表性的证明[25]，其后城市交通网络亦是在汉冶萍铁路与长江联运的框架上编织而成。

表四　近代黄石城市格局演变

时期	模式	特点
1891~1938年	工业、运输站引导下的多点布局	以汉冶萍、象鼻山铁路为轴； 以铁山、下陆站为核心的工业集中区域； 以石灰窑、黄石港站为核心的滨江商业区； 铁路站区域配套居住空间
1938~1949年	工业掠夺导向"两极"发展	以汉冶萍铁路为纽带； 恢复重建铁山、铁厂，扩大区域规模，完善区域配套，如房舍、学校； 石灰窑、铁山、铁厂配套商业、娱乐及医疗空间
20世纪五六十年代	工业资源引导空间布局与扩张	以铁路长江联运为条件； 建设黄石港轻工业区，铁山、下陆、石灰窑、铁厂等重工业区； 大型工业企业配套生活、商业、社会服务空间

时期	模式	特点
20世纪七八十年代	产业关联引导带状延伸	以汉冶萍铁路长江联运为骨架的城市交通体系建立； 工业企业辐射扩张，横向连接形成城市空间
20世纪90年代至今	"人"字形城市格局	以汉冶萍铁路长江联运为导向； 以黄石港和石灰窑旧城区为主城，规模大、功能多样； 以下陆区和铁山区为两辅城，规模小、功能单一

资料来源：实际调研及《黄石城市规划年鉴》。

从工业产业方面来看，黄石以资源采掘、冶炼加工为城市主导产业，其中汉冶萍铁路与长江联运从作为工业产业链的一部分，到成为新、旧工业企业建设发展的动因，影响各类型企业区域选择与区域功能配套辐射，最终形成铁路城市空间带、江岸城市空间带交错的，自内陆向长江的，由资源开发到加工产出的三核"人"字形城市格局。总的来说，黄石近现代城市空间初始框架依托于汉冶萍铁路而形成。

汉冶萍铁路虽然目前并未单独被认定为国家文物保护单位，但是其在黄石工业片区中是不可或缺的。第一，汉冶萍铁路可以称为近代黄石工业生产的运输线，不同于以交通为目的的铁路，从作为汉阳铁厂与大冶铁矿之间原料的唯一运送线路开始，汉冶萍铁路并不是孤立存在，无论是煤矿开发传送还是水泥生产外销等，均是以整个生产链条和工业流线中的一部分出现。第二，在工业遗产体系中，铁路遗产不仅在空间上以廊道式联系各类工业遗产，又在时间上记录历史与今天。黄石的重要遗产地及众多工业遗址，可以按功能类别分为铁路相关遗存、工矿遗产以及工矿辅助功能遗址三类，在空间上被汉冶萍铁路串联，形成黄石工业遗产廊道。第三，从单一铁矿石运送，到多种工业原料及产品运输，从自身的下陆机修厂等的配套，到周边的王三石煤矿、华记水泥公司等的产生，再到当下的福星铝业公司等企业建设，运输的便利均是重要的选址标准，证实汉冶萍铁路运输对黄石工业发展具有辐射和引导作用。

四、汉冶萍铁路遗产组成

铁路遗产的客观物质内涵包括铁路工程的所有设施和设备，本文依据铁路相关性分类，以铁路本身及铁路线的基础设施（站台、设备等）为主体，将铁路线的功能服务设施（机车厂、工区等）涵盖其中，构成完整的铁路物质遗留带。

就铁路本身而言，存有完整的铁路主线全貌，石灰窑至黄石港段虽已废弃但得以留存。铁路早期使用德国钢轨、钢枕，后在民国时用汉阳铁厂生产的钢材替换，目前发现2根德产钢枕于大冶铁矿博物馆及1根德产钢轨于新冶钢厂展存。目前铁路经过数次提速，钢轨已全部更换，但仍有蒸汽车头与货车拖挂等机车设备保留。

铁路线主要建构筑物方面（表五），初始时仅设有五站，后加为六站，现仅剩铁山站、下陆站及其新候车厅遗址,其中下陆站是汉冶萍铁路中心,又称下陆中心站,由德国工程师时维礼设计,置有自动称量机,并设有煤栈、水塔,同时车站南侧建有车库以供火车停歇之用[26]。车站建筑形制各异,体现文化丰富性,此外石灰窑三线共轨分道处有一向阳桥铁路桥梁,以交错方式在短距离内实现近江处有限空间的变道转向。汉冶萍铁路的相关服务性工业与建筑主要集中在下陆站区域,目前有下陆机修厂工人俱乐部尚未拆除,此处于1922年成立由中共领导的大冶铁矿工人俱乐部,是"下陆大罢工"的指挥所,并于"二七惨案"后被取消。

表五 汉冶萍铁路现存主要建构筑物

名称	建造时间	初始功能	建构筑物现状	特色
铁山站	1894年	二层"十字"形主建,有候车、售票等功能	主体改为办公用房,东向加建一平层建筑,现已废弃	欧式砖木结构建筑,汉冶萍铁路的西侧端点,车站中形制最大
下陆站	1892年	建筑主体为候车厅,其内设有称重器物	现存建筑、站牌、铁路等,已保护翻修补入汉冶萍煤铁厂矿遗址	德国人设计的砖木结构的平房,门廊由科林斯柱式立柱组成;东西长20.5、南北宽8.4米,占地面积172.2平方米
下陆站新候车厅	1958年	建筑中心主体原为候车厅,两翼售票与办公	现主体及西翼改建外包网吧,东翼一侧办公	汉冶萍工人俱乐部是同时期的仿苏氏建筑;建筑东西长57.6、南北最宽为23.6米,占地面积939.2平方米
向阳桥	20世纪40年代	石灰窑向黄石港和西塞山方向分路桥梁	现于其侧修建公路,桥上铁路废弃,供居民通行	桥上黄石港方向,桥下西塞山方向

五、汉冶萍铁路遗产价值体系

汉冶萍铁路创造了多项中国铁路之最,具有较高的遗产价值,同时其是黄石矿冶工业遗产完整产业叙事链的重要组成,对黄石乃至长江中游矿冶工业遗产整体价值提升做出了重要贡献。本文在国际、国内关于工业遗产和铁路遗产价值研究的基础上,结合汉冶萍铁路遗产特性,构建了遗产价值体系。汉冶萍铁路遗产本体价值是其核心价值,包括历史价值、科学技术价值、艺术审美价值和社会文化价值。此外,还包括引申价值和潜在价值。这三方面相互层进,构成汉冶萍铁路遗产的价值框架。

(一)本质蕴涵:汉冶萍铁路的本体价值

1. 历史价值

汉冶萍铁路是中国营运时间最长的城市轨道,是中国第一条由地方政府修建,中外合资的铁路,汉冶萍铁路与长江联运也是中国第一条铁路与内河的航道,并因其与汉阳铁厂之间的产业关系,被一些学者称为近代东亚钢铁工业的生命线,而这条航道之后联通日本，成为日本掠夺中国资源的主要途径。汉冶萍铁路的历史价值不仅在于自身的扩建、重建、修复与提速的变迁经历，也在于篆刻所在区域内的不同时期、不同阶段的历史事件与性质变迁，也描摹了长江流域工业城市发展的时空画卷。铁路是工业运输的通道，是矿场、铁厂的工业先行者，现在还留下与之相关的矿车及运输蒸汽机车，同时也承担了长时间以来（1892年到20世纪中）铁山、下陆、石灰窑、西塞山等区域居民生活的联通，围绕着工业生产运输链，亦有诸多的代表人物，如指导铁路初期勘探规划的张之洞与盛宣怀等，在下陆领导工人运动的林育英与赫慧林等。

2. 科学技术价值

自1881年唐山至胥各庄铁路开始，中国进入铁路建设的第一个集中期[27]，汉冶萍铁路便是这一阶段的产物，甚至早于如胶东铁路、中东铁路等大部分已被列入《中国工业遗产保护名录》的铁路，其作为本身为数不多的近代城市铁路运营时间甚至长于唐山铁路。其设计源自德国，钢轨、钢枕也从德国进口，在当时处于技术领先的地位。此后在铁路维修中也是第一批运用汉阳钢厂自产铁路钢材的铁路，日军占据黄石时，对铁路进行了提速与扩大承载量的改造，并建造了向阳桥这一近江段分道桥梁。建构筑方面，各铁路站点有不同时期、不同国家建筑技术与结构的运用，连同铁路与周边工业遗产，是亚洲近代重工业引进西方科学技术的活标本库。

3. 艺术审美价值

铁路遗产有别于其他工业遗产，它是一种线性遗产的特殊遗产形式，其艺术表现也有所差异。从局部来看，铁路站点是工业建筑中的另类，也是一种地标性建筑，其自身具备一定审美价值，典型的欧式风格与精致柱式的老下陆站；体量较大；结构丰富的铁山站以及特征鲜明、气势恢宏的仿苏氏下陆新候车厅等便是范例。铁路桥与城市道路交错，形成隧道、桥梁，穿插其中；铁路架桥如三线交轨的向阳桥平面编织，空间交错；铁路设备、设施以及蜿蜒的铁路线都可以作为铁路景观的组成部分。从宏观来说，铁路联通各遗产地与遗址，相互结合形成各类型的点缀城市的工业风貌，另外，铁路横贯黄石，与市区、山脉、湖泊、公园等相邻，构成种类丰富的带状风景。

4. 社会文化价值

黄石的工业兴起，吸引了大量省内外人口聚集，并且在抗战时期，日本也从本土移民大量人员进行资源开发和工业生产[28]，占据总人数的70%以上。铁路不仅是工业原料挖掘与生产间的运输通道，也是工人上下班的交通通道，其介入各历史时期居民的生活与生产，参与城市格局形成与发展。围绕着汉冶萍铁路，先后制定了中国第一部城市轨道铁路《旅客运输规程》、《安全巡视章程》与《机车修理章程》等，记述汉冶萍铁路对社会制度等方面影响的事实[23]。铁路在发展中留下许多痕迹和烙印，延续至今成为文化脉络,它包含湖北附近各区域的文化交融,西方建筑文化的遗留,红色革命文化的纪实,矿冶文化的依托,城市文化的表征。同时铁路于黄石具备了一定的象征意义,如被称为日本入侵和资源掠夺的运输线、东亚近代钢铁工业的生命线等。关于矿冶生活的文学、文档记录等亦有很多,如长篇小说《贼狼滩》、诗歌《车间诗抄》等。

(二)延展引申:汉冶萍铁路的引申价值

1. 区位价值

从历史来看,汉冶萍铁路最早是连接铁矿石资源和长江的通道,铁厂建立后是矿石资源与工业生产之间的输送带,此后一百年里,是煤、铁、有色金属等的输出窗口,铁路线被众多资源及工业生产企业围合,并对工业企业的建设发展起到正面作用。从当下看,汉冶萍铁路虽生产运输职能消退,并即将被取代,但在资源逐渐枯竭的情势下,其是城市横向主轴之一,联通黄石港与石灰窑新旧两大主城与下陆、铁山两辅城,部分铁路段甚至跨越城市区域中心和人口最密集的场所,在功能转型中有良好的开发条件。

2. 环境价值

根据近代以来汉冶萍铁路在城市格局演变、形成中的重要作用和对工业发展的辐射,不难发现铁路对于黄石市经济发展与社会生活具有意义。基于此城市空间与铁路具备了特殊的构成模式,目前铁路既能成为产业发展促进条件,如下陆与铁山之间形成新兴工业区域,又在白天没有火车运输时成为市民生活场所的一部分,如西塞山段与黄石港段,还能在部分区域形成铁路与城市的缓冲空间,如磁湖南段与铜鼓地段,成为一种正面的环境资源供人使用,但同时部分区段也存在一定程度阻隔城市南北联系的现象,如下陆到石灰窑。

3. 交流价值

汉冶萍铁路的交流价值区别于世界遗产视角下的单纯的工程或建筑领域的技术传播,它主要体现在包括技术在内的复杂历史演变、多元文化交织等方面[29]。首先,汉冶萍铁路本身便是西方工程与建筑技术引入后的结果,并且在之后的发展中不断将日本与本土多样化的、随时间不断进步演变的铁路工程技术拼贴在了汉冶萍铁路之上。其次,伴随历史与性质的变化,汉冶萍铁路在社会生活与经济传播上形成多元交融。

4. 情感价值

汉冶萍铁路与黄石的矿冶工业相关,记述清末的主权丧失、殖民主义的压迫、企业的独立发展以及铁路技术的飞跃和国家工业的兴盛,亦记录了大冶铁矿与汉冶萍的兴衰，这一系列历史记忆演变成一种场所精神，这种场所精神中包含了大冶铁矿的挖掘精神、汉冶萍公司及华新水泥公司等的企业精神，以及红色抗争精神、区域发展中区域情感等。黄石市民中大部分人从事或者有家人从事矿冶相关工作，这无疑加大了遗产情感的受众，且因汉冶萍铁路在城市发展中的重要作用，贴近城市的社会生活，其情感内涵在日常活动与工业生产中不断转译与创造。直至现在，汉冶萍铁路与长江联运都被作为一种代表性城市特征被人关注。

（三）契机隐含：汉冶萍铁路的潜在价值

潜在价值指的是工业遗产随时间变化的主体需要在更新和改造方面的潜质，是基于本体价值属性和引申价值衡量后衍生出来的。汉冶萍铁路保存较为完整，自身没有经历功能转型式的工业改造，且其集群价值可以弥补铁路遗留的主要建构筑数量不多的问题。因此结合汉冶萍铁路的性质特征和本体价值属性，其具备多种更新方式的基础，另外铁路的线性特点以及自身具备的引申价值提供再利用的条件与依据，在宏观尺度激发区域经济利用、遗产活化等价值；在中观和微观尺度根据铁路段及沿线的不同属性发掘如旅游、教育、科普、景观、慢行系统、城市绿地等多种潜在价值。特别是在中心城区的废弃铁路成为串联城市公共空间系统的载体。铁路周围存在很多潜在的可利用的地块，场地设置了漫游步道、自行车行道和地铁站公交枢纽等交通设施，将学校商场等公共设施利用步行和自行车交通连接起来，将空间串联起来，营造丰富的城市公共空间系统。

六、结语

本文梳理了汉冶萍铁路的三段变迁史，结合铁路遗产价值分类及认定，建立了汉冶萍铁路的价值体系，并从本体价值、引申价值和潜在价值三方面进行了详细论述。通过本文可知，相比于被认定为世界遗产的铁路遗产，汉冶萍铁路遗产不具备在复杂地形上的创造特质，也没有产生影响广泛且深远的工程意义，在技术方面虽然在同时期相对先进，但是没有突出的代表性，仅是普通区域自然环境内的城市运输轨道，所以一定程度上汉冶萍铁路在"创造性工程"领域没有鲜明的价值内涵。在对汉冶萍铁路的价值梳理中可以看出，它最为出彩与特殊的是复杂的功能变迁、铁路与各工业遗产之间的特殊关系，以及在城市发展演变中的重要作用。汉冶萍铁路以遗产廊道的形式，串联黄石矿冶遗产群，是黄石矿冶遗产群中生产设施类遗存的重要组成部分。随着黄石市城市交通的调整，汉冶萍铁路即将失去货运功能，未来可能面临拆除的风险。梳理其历史演进和研究其价值体系，是保护和利用汉冶萍铁路遗产的重要工作，也是

黄石矿冶工业遗产的可持续发展之路

黄石矿冶工业遗产申请世界文化遗产的基础性工作之一。

注　　释

［1］　刘修海：《对黄石矿冶工业遗产保护与利用的战略性思考》,《黄石理工学院学报（人文社会科学版）》2010年第4期。

［2］　刘金林：《永不沉没的汉冶萍——探寻黄石工业遗产》,武汉出版社，2012年。

［3］　Riegl A. The Modern Cult of Monuments: lts Character and Its Origin. Kurt W F, Ghirardo D, trans. New York: Rizzoli International Publications, 1982: 21-51.

［4］　王世仁：《保护文物古迹的新视角——简评澳大利亚〈巴拉宪章〉》,《世界建筑》1999年第5期，第21、22页。

［5］　О. И. 普鲁金：《建筑与历史环境》,社会科学文献出版社，2011年，第43页。

［6］　Trust J P G. Assessing the Values of Cultural Heritage Research Report. Los Angeles: The Getty Conservation Institute, 2002: 89.

［7］　阙维民：《国际工业遗产的保护与管理》,《北京大学学报（自然科学版）》2007年第4期，第523、534页。

［8］　Coulls A. Railways as World Heritage Sites. Paris: ICOMOS, 1999.

［9］　徐苏斌、青木信夫：《从经济和文化双重视角考察工业遗产的价值框架》,《科技导报》2019年第8期，第49～60页。

［10］　于磊、青木信夫、徐苏斌：《近代钢铁冶炼业工业遗产价值评价与保护研究》,《新建筑》2017年第4期，第110～113页。

［11］　于磊、青木信夫、徐苏斌：《工业遗产价值评价方法研究》,《中国文化遗产》2017年第1期，第59～64页。

［12］　刘伯英、李匡：《工业遗产的构成与价值评价方法》,《建筑创作》2006年第9期，第24～30页。

［13］　刘伯英：《探索中国工业遗产的核心价值》,《世界遗产》2015年第7期，第26～32页。

［14］　李海霞：《滇越铁路遗产资源梳理及价值潜力研究》,《中国文化遗产》2021年第2期，第90～102页。

［15］　冯铁宏、陈舒：《铁路遗产保护研究——以中东和滇越铁路为例》,《遗产与保护研究》2016年第4期，第107～115页。

［16］　崔卫华、胡玉坤、王之禹：《中东铁路遗产的类型学及地理分布特征》,《经济地理》2016年第4期，第173～180页。

［17］　盖立新、陶刚：《中东铁路遗产及〈中东铁路建筑群总体保护规划〉编制若干问题研究》,《北方文物》2016年第3期，第70～75页。

［18］　刘丽华、何军：《世界遗产视野下中国近代铁路遗产的突出普遍价值研究——基于文物保护单位视角的分析》,《城市建筑》2019年第19期，第89～94、115页。

［19］　徐中华、严建伟：《我国铁路遗产的激活模式探讨》,《建筑与文化》2018年第5期，第140、141页。

［20］　冯霁飞、杨一帆、李楠等：《城市铁路遗产的景观化保护——京张铁路遗产公园的规划设计》,《工业建筑》2021年第3期，第15～21页。

［21］　唐琦、陈易：《论铁路遗产的保护和利用——以杭州铁路遗址公园为例》,《住宅科技》2016年第6期，第33～39页。

［22］ 柴晓怡、林青青：《基于不同空间模式的铁路遗产更新探讨——以武汉徐家棚铁路遗产为例》，《华中建筑》2015年第9期，第89～92页。

［23］ 刘金林：《中国城市轨道铁路制度规范化的早期探索——以近代黄石汉冶萍铁路为例》，《遗产与保护研究》2018年第6期，第27～31页。

［24］ 张实：《汉冶萍公司兴建大冶钢铁厂始末》，《湖北理工学院学报（人文社会科学）》2019年第3期，第22～30页。

［25］ 田燕：《文化线路视野下的汉冶萍工业遗产研究》，武汉理工大学博士学位论文，2009年。

［26］ 舒韶雄、李社教、刘恒等：《黄石矿冶工业遗产保护研究》，湖北人民出版社，2012年。

［27］ 崔卫华、杨成林：《中国近代铁路遗产的时空分布与遗产价值研究》，《中国文化遗产》2018年第1期，第100～105页。

［28］ 林佐修、陈鳌纂：《大冶县志续编》，成文出版社，1970年。

［29］ 吴佳雨、徐敏、刘伟国等：《遗产区域视野下工业遗产保护与利用研究：以黄石矿冶工业遗产为例》，《城市发展研究》2014年第11期，第73～80页。

新形势下的黄石工业遗产资源保护与活化利用

王 晶 许 凡

（中国文化遗产研究院）

习近平总书记关于文物工作的系列重要论述，是对文物资源禀赋、工作特点、保护实践、利用需求、发展路径的新认识。2018年10月，中共中央办公厅、国务院办公厅印发《关于加强文物保护利用改革的若干意见》，对新时代文物保护利用工作提出了新任务、新要求。2020年6月2日，国家发展改革委、工业和信息化部、国务院国资委、国家文物局、国家开发银行印发了《推动老工业城市工业遗产保护利用实施方案》，探索老工业城市转型发展的新路径，提出以文化振兴带动老工业城市全面振兴、全方位振兴。在文化遗产保护和利用并举，"让文物活起来"的"新形势"下，黄石作为工业遗产资源丰富的城市，如何进行资源整体统筹、进行适应性利用，已成为亟待解决的问题。

一、中国工业遗产保护新形势

国家文物局2016年《关于促进文物合理利用的若干意见》中就曾指出"文物利用仍然存在着文物资源开放程度不高、利用手段不多、社会参与不够以及过度利用、不当利用等问题"。2018年，中共中央办公厅、国务院办公厅印发的《关于加强文物保护利用改革的若干意见》也指出："面对新时代新任务提出的新要求，文物保护利用不平衡不充分的矛盾依然存在，文物资源促进经济社会发展作用仍需加强；一些地方文物保护主体责任落实还不到位，文物安全形势依然严峻；文物合理利用不足、传播传承不够，让文物活起来的方法途径亟需创新；依托文物资源讲好中国故事办法不多，中华文化国际传播能力亟待增强；文物保护管理力量相对薄弱，治理能力和治理水平尚需提升。"

2020年国家发展改革委等五部门印发《推动老工业城市工业遗产保护利用实施方案》也指出："当前，我国工业遗产保护利用工作相对薄弱，特别是一些工业遗产遭到破坏、损毁甚至消亡，亟需采取措施进行有效保护与合理利用。"工业遗产是一类价值突出、内涵丰富、极具时代特征的历史文化资源，应得到妥善保护和合理利用。保护和利用城市工业遗产，是善待社会历史资源、保持城市生机魅力与真实印记的科学文明之举。在城市发展过程中，通过工业遗产保护可以重塑城市物质空间特征和城市性格，突出城市文化特征。通过创新机制、开拓思路、积极保护，实现对此类新型文化遗产有效保护与合理利用，成为今后这类新型文化遗产面临的现实问题。

（一）中国工业遗产保护原则建立

为廓清中国工业遗产概况，理清新型文化遗产的整体保护思路，把握全局，为今后工业遗产的保护、展示工作提供理论依据和技术支持，2013年中国文化遗产研究院受国家文物局委托承担《工业遗产保护利用导则》（以下简称《导则》）编制工作，《导则》在确认工业遗产保护和利用对象和要素的基础上，进一步明确评价与认定的程序和范围，并初步提出工业遗产保护研究的工作方法、内容建议以及展示利用的原则、策略和技术特征。《导则》的编制，综合考虑了城市总体规划、项目管理、文化创意产业发展等影响因素，提出了工业遗产管理利用的发展方向和可能途径。

为进一步细化工业遗产保护和利用的重点，并为今后大量工业遗产的保护、展示工作提供理论依据和技术支持。在《导则》的基础上，2014年编制了《文物保护利用规范——工业遗产》（以下简称《规范》），希望使工业遗产保护成为"人类文化"和"生态准则"进行有机结合的一项文化政策和实现"环境友好型、资源节约型"社会的重要举措。《规范》对工业遗产的定义、范围和时代给出了明确的限定，同时建立了遴选框架、引导了价值体系设计，在工业遗产保护行业树立了规则，是指导工业遗产保护的操作规范。

（二）中国工业遗产资源现状

对工业遗产资源的利用，是建立在对这类资源详细认知和梳理的基础上的。全国重点文物保护单位中已经包含了一些典型工业遗产，包括基础设施类型，如交通、水利等设施，它的区位、技术特性以及今后开放所面对人群与城市中心的工业遗产建构筑物差异很大。再有就是工业厂房建筑和设施设备类的工业遗产，这类遗产是工业遗产中的主体。近年来，工业遗产资源得到了各个部门和相关单位的广泛关注。中国科协创新战略研究院和中国城市规划协会推出《中国工业遗产保护名录》，工业和信息化部推出《国家工业遗产名单》。其中，中国科学技术协会公布的100处工业遗产中有81处属于文物保护单位，43处是全国重点文物保护单位。可见，对各种身份的工业遗产资源，在资源特性、资源价值以及今后资源的保护利用方向上是能够达成一致的，这也为集合社会各方力量进行工业遗产的保护和活化利用奠定了基础。

通过对全国重点文物保护单位中工业遗产的梳理，可发现工业遗产具有普遍的工业文化特征、鲜明的时代风貌特色和突出的物质空间特性。这些工业遗产孕育了组织制度、风俗习惯、生产传统和文化身份，并形成了与大众日常生产生活息息相关的文化记忆。工业遗产的产业类型十分丰富，且规模尺度大、空间体量大，具有明显的时代特征和空间特性。

工业遗产分布的一些规律，如沿中东铁路沿线分布的交通设施工业遗产，还有较早开埠的城市如上海、天津以及大连、青岛、武汉等沿海、沿江城市都是早期工业遗产比较集中的城市。而随着我国工业发展策略的变化，西南地区如重庆、云南等集中了一批三线建设的工业遗产地。

实际上有60%的工业遗产已经位于现在的城市中心区，它们的规模体量、用地功能对所在城市有非常大的影响。这是工业遗产，包括类型以及使用情况分析，40%的工业遗产处于停产、停用状态，其中有46%的工业遗产构成是工业遗产建/构筑物群。

虽然经过了多年的努力，但中国工业遗产保护与利用的现状仍不容乐观，主要表现在：强调厂房等物质载体，却忽视了对于工业遗产文化内涵的展示与阐释；强调对工业遗产空间的利用，忽视保护管理工作的重要性，造成构建设备残损、保护手段单一的情况时有发生；强调工业遗产个体孤立发展，忽视与周边环境资源的整合，成为一个脱离周边环境的隔绝区域。

二、黄石矿冶工业遗产资源

湖北省黄石市作为近现代工业城市，位于长江中游南岸，是我国中部重要的原材料工业基地、沿江开放城市，矿冶工业历史悠久。黄石矿冶工业遗产主要包括铜绿山古铜矿遗址（第二批全国重点文物保护单位）、大冶铁矿天坑、汉冶萍煤铁厂矿旧址、华新水泥厂旧址（第七批全国重点文物保护单位），2012年整体被列入《中国世界文化遗产预备名单》。

（一）铜绿山古铜矿遗址

铜绿山古铜矿遗址是前、后两个时期采冶结合的大型遗址，前期属春秋时期或稍早，后期属战国至汉代。遗址位于湖北省东南部长江中游南岸的大冶有色金属公司铜绿山矿区内。从1973年开始到目前为止，在南北约2000千米、东西约1000千米的古矿区范围内，考古学家们发现了古矿井、炼铜炉、古代炉渣等遗迹，并出土了采掘工具、生活用具等，它们共同形成了一个集采矿、冶炼和铸造为一体的规模宏大的商周时代青铜器铸造基地（图一）。

图一　铜绿山古铜矿遗址现状

（二）大冶铁矿天坑

大冶铁矿天坑位于黄石市铁山区铁山街道办事处冶矿路社区象鼻山，距武汉市104千米，东距黄石市区25千米，东南距大冶市区15千米。由象鼻山、狮子山、尖山三个矿体组成，是大冶铁矿的主要采场。整个采场东西长2400米，南北宽900米，上下落差444米，坑口面积达108万平方米，是世界第一高陡边坡，亚洲最大人工采坑（图二）。

（三）汉冶萍煤铁厂矿旧址

汉冶萍煤铁厂矿有限公司是中国近代最大的钢铁煤联营企业，历时58年（1890～1948年），1915年前，该企业的钢总产量几乎占中国钢铁产量的100%。自1913年汉冶萍煤铁厂矿股份有限公司创办大冶新厂起，至1984年底止，大冶钢铁厂已有71年的历史。在中华人民共和国成立前的36年里，其先后经历了汉冶萍商办的25年、日

图二　大冶铁矿天坑现状

本侵占下的大冶矿业所的8年、国民政府资源委员会华中钢铁有限公司经营的4年。汉冶萍煤铁厂矿旧址主要包括冶炼铁炉、高炉栈桥、日欧式建筑群（日式住宅4栋、欧式住宅1栋）、瞭望塔、张之洞塑像、汉冶萍界碑，展现了汉冶萍煤铁厂矿的发展历程（图三、图四）。

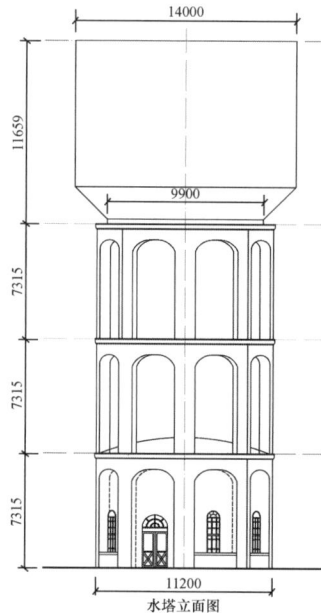

图三　汉冶萍煤铁厂矿旧址水塔现状及立面图

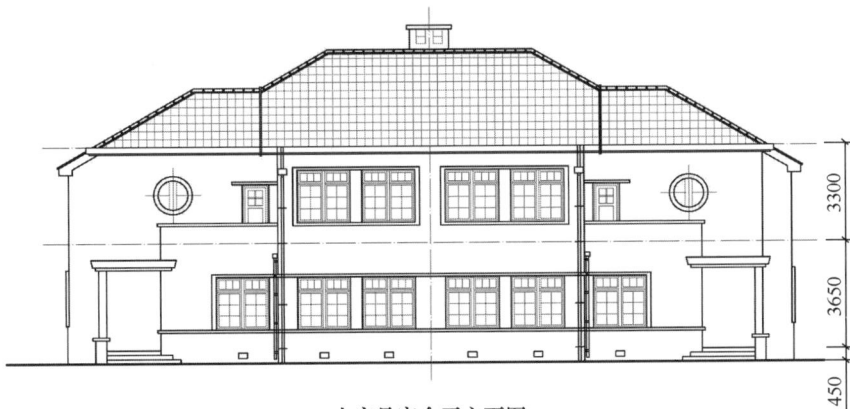

大字号宿舍正立面图

图四　汉冶萍煤铁厂矿旧址日式建筑现状、汉冶萍煤铁厂矿旧址大字号宿舍正立面图

（四）华新水泥厂旧址

华新水泥厂旧址位于黄石市黄石港区黄石大道145号，占地面积约54000平方米。华新水泥厂旧址是我国近代最早开办的三家水泥厂之一，原名大冶湖北水泥厂，创建于清光绪三十三年（1907年）。1946年9月28日，在现址兴建了华新水泥股份有限公司大冶水泥厂，1949年初，第一台湿法水泥窑建成投产后，技术装备水平和生产规模能力曾被誉为"远东第一"。1950年，华新水泥股份有限公司和大冶水泥厂合并，后经社会主义公有制改造成为"华新水泥厂"。2005年起老厂区陆续停产。华新水泥厂旧址现存的1～3号湿法水泥窑是"华新水泥厂"历史进程中的重要见证，不仅具有重要的文物价值，而且从水泥生产工艺的角度看，代表了当时先进的生产力，在中国水泥发展史上具有很高的价值（图五）。

图五　华新水泥厂旧址鸟瞰

三、黄石工业遗产保护利用尝试——华新水泥厂旧址保护利用

（一）遗产资源梳理

华新水泥厂作为中国仅次于启新水泥厂的第二个水泥厂，在历史、科学技术方面都具有重大的价值。华新水泥厂旧址保存了完整的厂区环境、工艺布局、生产线设施与设备、标语构筑物等。

华新水泥厂旧址现存有3台湿法水泥窑（其中1、2号窑设备1946年从美国进口，由美国爱丽斯公司生产。3号窑于1975年开始扩建，自主研发，1977年正式投产，被命名为"华新窑"）、2台四嘴装包机等生产设施及生产线、运输线、厂房和管理用房等配套设施。

华新水泥厂区依傍而建的牛头山（原枫叶山），1959年以前为厂区提供水泥生产用火山岩矿，并为厚浆池和水厂的修建提供天然高地。凤凰山和黄荆山山体及磁湖等固边水域为厂区提供用水和植被。

华新水泥厂现在仍保存有当年的各种档案资料、湿法水泥制作工艺以及产业工人、企业文化等文件（图六）。

图六　华新水泥厂风貌

（二）保护展示利用设计

1. 设计思路

对华新水泥厂旧址的保护与展示，试图建立人和工业遗产之间的直接交流，使工业遗产作为一种文化融入现代人的生活。旨在通过各种体验设计建立人与工业遗产、自然资源之间的互动关系。通过各种体验向人们阐释工业文化的内涵和意义，感受水泥工业文化氛围。

（1）见证"湿法水泥"工艺

华新水泥厂的设备引进和选址建设，代表20世纪中叶"湿法"水泥制造工艺和水泥厂规划建造的世界先进水平，是一处具有典范价值的工业遗产。1946年，华新水泥厂购买了美国先进"湿法"水泥制造工艺的全套设备及技术资料，并聘请了美国专业设计师进行规划设计。主要美国设备、技术资料和安装图纸的保存完整，为世界水泥发展史中有关"湿法"水泥制造工艺发展的研究提供了重要实证。这是华新水泥厂核心价值所在。

华新水泥厂近60年的发展，浓缩了中国水泥工业发展中湿法水泥制造工艺应用从引进设备到熟练应用到自主研发，直至技术淘汰的发展历史典型阶段，具有见证价值。华新水泥厂的厂区选址、工艺布局、厂房建筑、设备设施等经历了近60年的营造与发展，记述了湿法水泥制造工艺从设备引进投产到超出设计产量、水泥窑扩建再到停产的发展历程。

（2）反映黄石矿冶工业文化及其社会影响

黄石地区拥有"历三千年而炉火不灭"的矿冶生产传统。人们在这种长期、共同的矿冶活动中，延续形成的身份认知、价值观念、文化知识、文学艺术，以及在勘探、采矿、冶炼实践活动中所形成的技术传统、组织形态、制度规定和行为规范，构成了黄石矿冶生产传统。

华新水泥厂在黄石市经济、文化、民生和建设等领域发挥过重要促进作用，见证了黄石社会经济的发展，支撑了城市的历史脉络。20世纪50～60年代，华新水泥厂为国家建设和行业发展做出了突出贡献，具有精神价值。20世纪50～60年代，华新水泥厂在生产能力和水泥质量方面处于国内领先地位，其水泥产品不但为新中国建设做出突出贡献，还远销海外为中国建材生产在国际上赢得声誉。

（3）彰显水泥工业景观特色及其与城市发展关系

华新水泥厂旧址是市民心中重要的城市记忆。华新水泥厂的"湿法"水泥回转窑、水泥储库等标志性建筑，体现了水泥工业特有的景观特征，具有美学价值。同时也是彰显区域特色、丰富城市元素的重要内容，人们能够在这里看到并体验近代工业社会留下的遗迹和遗物；能够欣赏粗犷、直接的机械之美；参加各种工业文化活动，在活动的过程中潜移默化地了解水泥工业历史和相关知识；从而对自身生存所依赖的环境有所认识，对区域工业社会的发展过程有所认识（图七）。

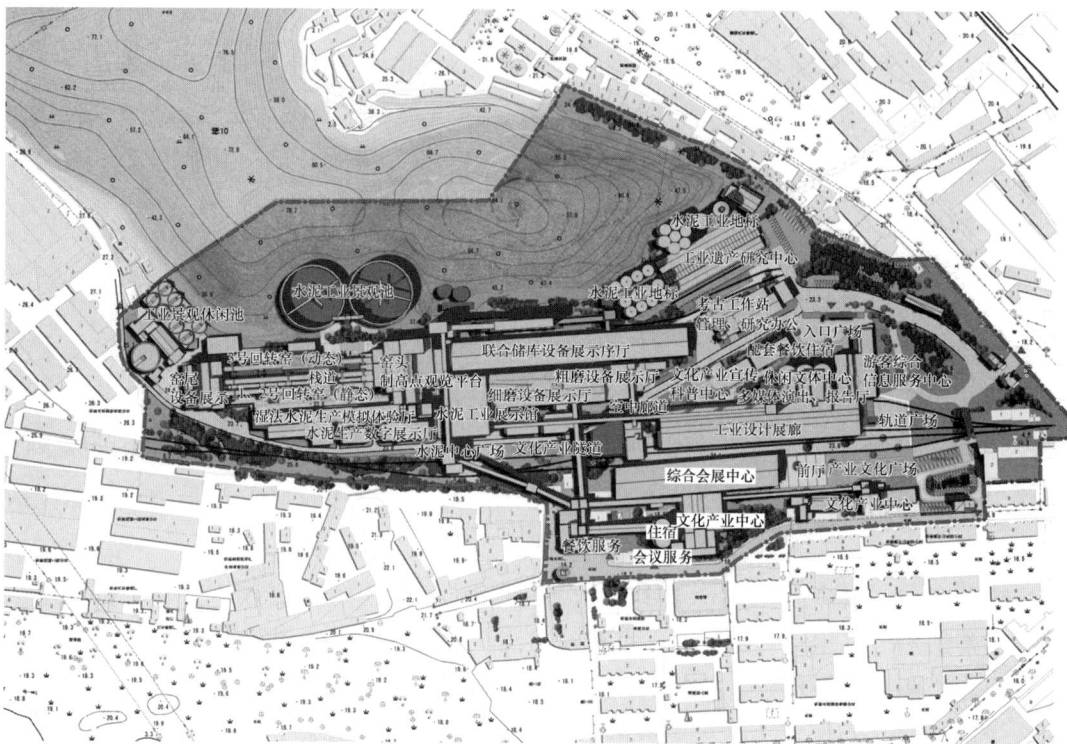

图七　华新水泥厂保护与利用总平面图

2. 结构安全保障

检测评估是工业遗产保护、展示、利用的基础。检测评估内容应包括建（构）筑物结构安全性、建筑材料稳定性、历史生态环境受损程度、工艺设备受损程度等。检测评估工作充分利用了华新水泥厂拥有的丰富工程技术档案资源，运用传统测绘与三维激光扫描技术相结合的方式，完成了建筑的病害及其分布、设施设备的分组、分级认定等勘察工作并绘制了相应的图纸。

华新水泥厂旧址内建筑遗产的安全性检测按照国家文物局的要求，结合专家评审得出整体建筑安全性评估结论。对建构筑物今后展示开放的需求和路线设计进行了外观和内部的清理、整治和修复（图八）。

3. 1～3号窑的主体建构筑物

华新水泥厂核心工艺设施载体——1～3号湿法回转窑，是中国最早的水泥湿法回转窑大型设施和设备，其中1、2号窑是美国进口，3号窑是我国自主研发第一代湿法

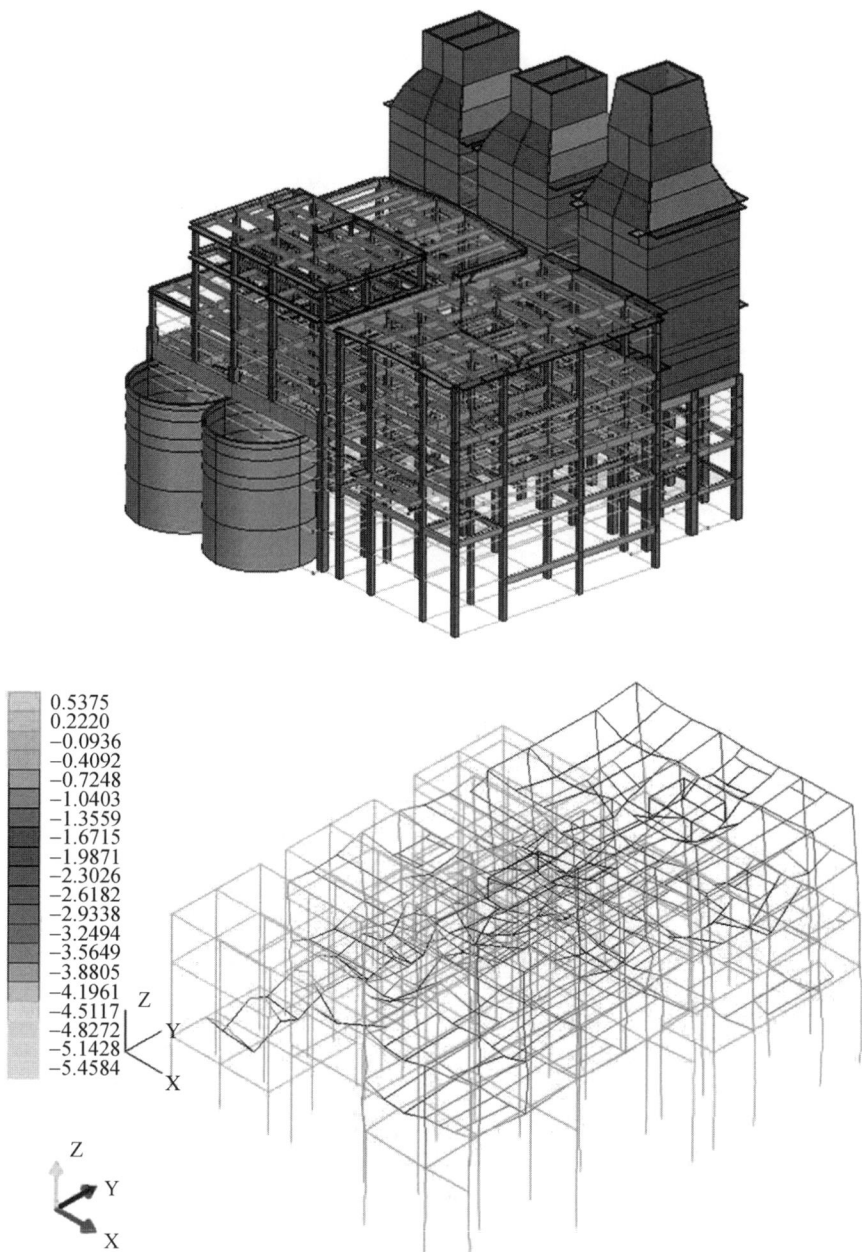

图八　结构加固计算模型（以窑尾建筑为例）

水泥回转窑，也叫华新窑，研究价值非常高。其中1～3号窑窑头、窑中、窑尾建筑和窑筒、煤磨等设备、设施则是华新水泥厂所承载的我国自主研发湿法水泥工艺的最高水平的直接展示（图九）。

　　这组建构筑物形体复杂且都为不规则形状，增加了勘察工作的难度。同时由于缺少大体量、窑筒和设备等准确详细的图纸和记录，隐藏设备夹层也无法进入，导致很多部位建构筑物和设备的病害无法进行勘察。为解决这些问题，首先采用传统测绘方式进行了1～3号窑建、构筑单元平、立、剖面的整体测绘，同时运用三维激光扫描技

图九　1～3号窑窑中全景

术，整理点云文件进行精确建模。然后，结合历史图纸等资料和现场复核，将精确绘制该组建构筑物图纸。

作为1～3号窑的主体建构筑物，窑头、窑中和窑尾三个建筑是华新水泥厂现场展示与利用的重点。在遵循"最小干预"的原则下，针对1～3号窑建构筑物"整体粗犷少装饰，功能性强多层次"的特征进行保护和修复。作为湿法水泥工业的代表性建构筑物，1～3号窑体量巨大且外观以无饰面的裸露水泥为主，各类管线根据生产的需求排布在建筑立面及内部墙面上，有很强的工业建筑的视觉冲击力。

修复设计遵循工业建筑"所见即所需"的建造原则，将工业生产的特征真实地反映在建构筑物上。例如，窑中和窑尾建筑上大量使用的水泥百叶成为厂区建构筑物反复出现的"符号"语言，这种水泥百叶对于黄石厂区并不是一种装饰性的建筑细部，而是根据水泥生产设施设备的防雨、通风要求而将特制尺寸的水泥构件制作成水泥百叶。在修复设计中，也遵循工业建筑的这种"真实"和"裸露"的特性，并通过构件尺度设计、现场反复试验、比对和安装等过程，最大限度地体现黄石华新水泥厂工业遗产的真实性（图一〇、图一一）。

4. 辅助设施

华新水泥厂旧址中的辅助生产、办公、管理、生活等重要区域以及相关非物质文化遗产等要素因体现了矿冶工业生产传统及其对社会发展的影响而具有重要的社会价值。此类遗产要素的保护展示能够反映黄石地区矿冶生产的工业文化传统，以及普通工人的生产生活场景，是黄石矿冶工业风貌的重要体现。通过现场体验、模拟展示工业活动等阐释黄石工业文化传统及其社会影响（图一二）。

图一〇　1～3号窑窑头建筑剖面模型、效果图

图一一　回转窑入口效果图

图一二　室外空间大型设备展示利用

四、黄石矿冶工业遗产保护与利用对策

工业遗产的"适应性"保护更新是以文化遗产价值保护为导向、文化资源再生为手段的文化遗产整体创造方式。它包含了两个方面的意义：一是指从文化遗产价值保护的角度出发对工业遗产进行妥善保护，二是从文化资源更新角度出发针对工业遗产特性进行科学、得体的利用。"为了保留文化价值，改变也许是必要的，但是降低了文化价值的改变则是不可取的。对一个地方的改变程度应该以此地的文化价值和对它的合适的阐释为指导。当考虑进行改变时，应该在一定的选择范围内探究，以寻求那种最小程度地降低文化价值的选择。"保护是基础和目标，更新是手段和方法，这二者的辩证关系是"适应性"保护更新的基本理念。

在工业遗产保护更新工作中，从现有文化资源角度出发，"适应性"保护更新的关键在于为某一工业遗产建筑或遗产区域找到恰当的保护方式和更新用途，这些方式应使该工业遗产的重要价值得以最大限度地保存和有效阐释，能够在体现工业遗产价值特征的同时最低限度地影响遗产原貌。

华新水泥厂旧址的保护展示利用设计以突出的历史、文化、审美价值为依托，将水泥工业文化的独特价值作为展示的核心组成内容，并围绕该工业遗产的保护、展示，组织其他设施、功能分区及游线组织等。从整体上保护工业遗产的真实性、完整性；创造工业文化环境氛围。通过华新水泥厂旧址保护与利用的实践，为黄石矿冶工业遗产保护与利用提供了如下对策参考。

以工业文化价值阐释为导向的物质载体保护展示，强调对工业遗产的文化价值认知，强调对其身份的尊重以及价值优先的保护理念，主要包括通过生产工艺的展示，诠释技术发展、技术特征、当时的生产流程及生产设备；通过工业文化的展示，诠释技术发展历史、企业文化、当时工人的生活场景；通过生产风貌的展示，诠释工业景观及其与当代城市的关系。

以工业文化氛围体验为目的的公众活动宣传展示，对工业遗产工业特征的保持以及工业氛围的体验，通过（矿冶）工业场景模拟展示丰富当地市民文化生活，与所在城市保持密切的联系是工业遗产这类新型文化遗产非常重要的特性。

以产业功能持续利用为补充的建筑空间展示利用，策划适应性利用功能，充分利用工业建筑、设备资源，发挥新型技术创新产业融合的当代产业发展需求，关注工业遗产所在区域的环境和社会需求，更新工业遗产的用途以更好地融入社会。

新形势下黄石矿冶工业遗产资源的保护与活化利用，需要紧跟国家对工业遗产保护的政策要求，整体保护遗产、利用文化资源，修复治理环境，优化生态结构，调整城市用地，彰显地域特色，为黄石市形成"工业遗产＋"、"城市与工业遗产"以及"工业遗产保护社会力量参与"的局面贡献力量，为黄石市遗产保护和城市发展贡献力量。

工业防腐蚀涂料体系在黄石工业遗产大型机械设备防腐蚀保护中的应用研究

郑逸轩[1]　郭　宏[1]　潘晓轩[2]　陈坤龙[1]

（1. 北京科技大学科技史与文化遗产研究院　2. 中国文化遗产研究院）

一、引言

　　工业遗产直观地反映了工业文明创造的财富，以及对世界和人类生活的影响，具有历史的、社会的、科技的、经济的、审美的等多重价值，是人类社会发展不可或缺的物证。因此，保护工业遗产就是保持人类文化的传承，培植社会文化的根基，维护文化的多样性，促进社会不断向前发展[1]。机械设备是工业遗产价值的核心所在，它是工业遗产的灵魂，是工业遗产科技价值的直接体现。对工业遗产机械设备的保护是工业遗产保护工作中的重要组成部分。位于湖北省黄石市枫叶山的华新水泥厂旧址是第七批全国重点文物保护单位，是我国现存生产时间最长、保存最完整的水泥工业遗存，其前身华新水泥厂的历史可追溯至清光绪三十三年（1907年）创办的大冶湖北水泥厂。它见证了中国民族工业从萌发、成长、发展到走向现代化的全部进程，是我国水泥行业发展史的重要里程碑。华新水泥厂旧址内现存三台大型"湿法"水泥回转窑（以下简称"回转窑"），其中1号和2号窑是1946年从美国引进的，3号窑为20世纪70年代我国自主生产的。

　　2016年5月，笔者对华新水泥厂旧址现存三台回转窑保存现状进行了现场考察及取样分析，结果表明三台回转窑大体为亚共析钢焊接而成。除窑头出料口和窑尾进料口位于室内，其长度超过100米的窑身处于露天环境之中；由于停产后缺少维护，窑体通体受到腐蚀（图一），局部区域出现层状剥落、瘤状腐蚀、水泥附着、微生物滋生等病害，但窑体外形基本完整，本体保存状况较好。通过对窑体表面锈蚀产物的激光拉曼光谱分析，可知回转窑锈蚀产物以Fe_2O_3、Fe_3O_4为主，且结构致密、质地坚硬，能够对回转窑铁基体起到一定的保护作用，但不能完全阻止电化学腐蚀和大气腐蚀的进一步发生。同时，为了后期展示利用及管理工作，清理窑体表面锈蚀产物和附着物，并对其进行防腐蚀保护是必要且重要的。

目前，我国在铁质文物保护工作领域的理论和实践成果，尤其是针对室外大型铁质文物的保护，仍然是文物保护工作的重点和难点[2]。具体针对华新水泥厂旧址回转窑

图一　回转窑通体腐蚀

而言，其作为超大体量的工业遗产机械设备，在制作年代、材料、保存环境等方面与传统意义上的铁质文物区别较大，特别是体量上的差距，使得传统的铁质文物保护的工艺和材料都不能适用于华新水泥厂旧址回转窑的保护；结合其工业遗产的属性，考虑借鉴现代工业防腐蚀相关技术对其进行保护研究。

二、防腐蚀涂料体系选择及测试标准

1. 涂料体系选择

现代工业设备防腐蚀手段主要有电化学保护和表面涂覆层保护两种，电化学保护手段不符合我国文物保护工作的最小干预原则和成本控制理念，而表面涂覆层保护手段在这两点上更为优异，且耐蚀涂料的开发和应用已经实践了多年，形成了非常完备的理论体系、操作规范、施工设备及评价机制。

ISO12944《色漆和清漆—防护涂料体系对钢结构的防腐蚀保护》是国际标准化组织为从事防腐蚀工业的业主、设计人员、咨询顾问、施工企业等汇编的标准，是目前国内钢结构防腐蚀涂层体系设计时普遍采用的指导性文件。该标准从腐蚀环境的定义、涂料耐久性的限定、不同底材的处理方法、不同环境下涂料系统的推荐等方面做了详细的介绍与规定[3]。

基于黄石地区大气环境条件、回转窑保存现状及文物保护原则等因素，要求用于工业遗产保护的防腐蚀涂料在保证优异耐候性的前提下，不对设备本体造成新的腐蚀、保护效果良好、稳定时间长。为此，结合ISO12944《色漆和清漆—防护涂料体系对钢结构的防腐蚀保护》第五部分针对C4腐蚀等级推荐的涂料系统，提出了用于华新水泥厂旧址机械设备防腐蚀保护涂料体系：从金属机体表面至最外层涂层分别用环氧铁红底漆（1层，厚70微米）、环氧云铁中间漆（1层,100微米）、丙烯酸聚氨酯面漆（2层,80微米）依次涂覆，共4层330微米。

2. 测试标准选择

化工行业标准 HG/T 2454—2014《溶剂型聚氨酯涂料（双组分）》，规定了溶剂型聚氨酯涂料产品的试验方法、检验规则等内容[4]。本研究在防腐蚀涂料体系的实验室性能测试环节即采用该标准。按照该标准的规定，实验室性能测试内容为测定涂料体系的耐酸性、耐碱性、耐盐水性及耐盐雾性；考虑到黄石地区夏季高温多雨，终年高相对湿度的环境条件，实验室性能测试内容加入对涂料体系耐湿热性能的测试，按照 GB/T 1740—2007《漆膜耐湿热测定法》相关要求进行[5]。

实验结束后，将试板冲洗晾干，在散射日光下目视观察，如参加实验的3块试板中有2块未出现生锈、起泡、开裂、剥落、掉粉、明显变色、明显失光等涂膜病态现象，则该涂料评为"无异常"；若出现以上涂膜病态，按照 GB/T 1766—2008《色漆和清漆　涂层老化的评级方法》相关内容进行描述[6]。各项耐候性测试结果按照该标准相关内容进行评价。其中，试板四周边缘5毫米以内及外来因素引起的破坏现象不做考察。

三、实验室内耐候性能测试及结果

1. 试板制备

本次实验室耐候性能测试对象为两种涂料体系，两者之间差别在于面漆成分配料不同，故以面漆型号作为区分，分别命名为"BS-01体系"和"BS-22体系"。其中，BS-01体系各层漆料型号为：BH-14环氧铁红底漆、BH-16环氧云铁中间漆、BS-01丙烯酸聚氨酯面漆；BS-22体系各层漆料型号为：BH-14环氧铁红底漆、BH-16环氧云铁中间漆、BS-22丙烯酸聚氨酯面漆。

测试板采用尺寸为150毫米×70毫米×（3～6）毫米的喷砂钢板为底材，依次喷涂环氧铁红底漆1层、环氧云铁中间漆1层、丙烯酸聚氨酯面漆2层，每层漆料涂装间隔时间为24小时，涂装完成后将试板置于干燥器内养护168小时。养护完成后，用环氧树脂封边，防止液体从侧面进入漆层对测试结果造成影响。

2. 性能测试

防腐蚀涂料体系各项耐候性能测试条件及方法如下：

1）耐酸性：按 GB/T 9274—1988 中浸泡法进行，浸入 50g/L H_2SO_4（化学纯及化学纯以上）溶液中，浸泡168小时。

2）耐碱性：按 GB/T 9274—1988 中浸泡法进行，浸入 20g/L NaOH（化学纯及化学纯以上）溶液中，浸泡168小时。

3）耐盐水性：按 GB/T 9274—1988 中浸泡法进行，浸入 3%NaCl（化学纯及化学纯以上）溶液中，浸泡168小时。

4）耐盐雾性：按GB/T 1771—2007的规定进行（试板不画线），放置在NaCl（化学纯及化学纯以上）溶液浓度为50g/L±10g/L、pH为25℃条件下6.5～7.2、喷雾室温度35℃±2℃，喷雾压力70～170KPa的盐雾试验箱中。在任意一个24小时为周期的时间进行目测检查。

5）耐湿热性：按GB/T 1740—2007标准的规定，该实验在调温调湿箱中进行，温度为47℃±1℃、相对湿度为96%±2%。试板用支架支撑，连续试验48小时检查一次，两次检查后，每隔72小时检查一次。每次检查在散射日光下目视观察。

3．测试结果

实验室测试结果表明，两种涂料体系在耐酸性、耐碱性及耐盐水性方面表现各有不同。

1）耐酸性：两种体系的涂料均未出现起泡现象，但失光、变色较为严重。BS-01体系表现为很轻微失光，明显变色；BS-22体系表现为轻微失光，轻微变色。

2）耐碱性：两种体系的涂料均未出现变色现象。BS-01体系轻微失光，起泡密度3级（中等数量的泡），起泡大小S3级（<0.5毫米的泡）；BS-22体系轻微失光，起泡密度2级（有少量的泡），起泡大小S2级（正常视力可见）。

3）耐盐水性：两种体系的涂料均未出现起泡现象。BS-01体系很轻微失光，轻微变色；BS-22体系很轻微失光，无变色。

耐盐雾性测试共进行100天，两种体系的涂料均未出现起泡、生锈、脱落等涂膜病态现象。耐湿热性测试进行了10天，两种体系的涂料在测试前后均未有明显变化，试板未出现起泡、生锈等涂膜病态现象（图二、图三）。

图二　BS-01体系试板耐湿热性试验前后对比

1．测试前　2．测试开始240小时后

图三　BS-22体系试板耐湿热性试验前后对比

1．测试前　2．测试开始240小时后

四、现场涂装实验

以华新水泥厂旧址2号回转窑露天的一部分长度约为4米的窑体作为实验段,以验证BS-22防腐蚀涂料体系在自然环境中的各项性能。该涂装实验也能为评估喷涂工艺提供借鉴。

1. 表面清理

用高压水枪将窑体喷洗干净,去掉表面浮锈及微生物等附着物。待其干燥后,对窑体表面进行喷砂处理,喷砂清理等级为Sa2级或Sa2.5级。喷砂完毕后用洁净的高压空气扫去表面浮尘。喷砂后的窑体表面裸露出金属机体,且表面粗糙,有利于防腐蚀涂料与窑体紧密结合。

图四　涂装完成后效果图

2. 涂装封护

涂装方式以喷涂为主,以刷涂和辊涂的方式处理拐角、焊缝等难以喷涂到位或重点焊接部位。每一层涂料涂装前,都用刷涂的方式对焊缝、细缝等重点区域进行预涂,然后按照环氧铁红底漆1层、环氧云铁中间漆1层、丙烯酸聚氨酯面漆2层的顺序对窑体进行涂装封护。为保证涂料充分干燥,每两层涂料间的涂装间隔为24小时。涂装完成后散射日光下的效果如图四所示。

3. 效果检验

涂装完成50天后,漆膜表面没有出现生锈、起泡、开裂、剥落、掉粉、明显变色、明显失光等涂膜病态现象,如图五所示。表面留有雨水流淌的痕迹,应为下雨冲刷累积在窑体顶端的施工灰尘所致,如图六所示。可以看到,该体系涂料良好的耐候性在

图五　现场涂装完成50天后效果图

图六　现场涂装完成50天后近距离图

现场涂装实验中得到了很好的验证。

4. 结果讨论

根据GB/T 1766中保护性漆膜综合老化性能等级的评定标准，将两种涂料体系在耐酸性、耐碱性及耐盐水性方面的测试结果列于表一。其中，表中浅色代表"BS-01"涂料体系试验结果所处等级，深色代表"BS-22"涂料体系试验结果所处等级。按照标准，不同单项指标的不同等级分别对应相应的分值，总分数越高，说明性能越差。BS-01体系得分26分，BS-22体系得分23分。

表一 两种涂料体系耐非水液体介质试验结果

等级	耐酸性			耐碱性			耐盐水性		
	失光	变色	起泡	失光	变色	起泡	失光	变色	起泡
0			▨■					■	▨■
1	▨						▨■		
2		■	■		▨	■		▨	
3		▨							
4									
5									
说明	浅色代表"BS-01"涂料体系，深色代表"BS-22"涂料体系								

综合耐盐雾性和耐湿热性测试来看，两种涂料体系均能在极端的环境条件下表现出良好的耐候性能，BS-22体系的涂料在遭遇极端条件后的表面状态更为优秀。

五、结语

实验室性能测试结果表明，环氧铁红底漆—环氧云铁中间漆—丙烯酸聚氨酯面漆体系的防腐蚀涂料在极端环境条件下能表现出良好的耐候性能；该涂料体系在实验室测试中表现出的优异的耐湿热性能，在现场涂装实验中得到了验证。

本研究在防腐蚀方法及涂料体系的选择上，考虑了文物保护工作方针和原则的约束；在涂料的实验室性能测试中，加入了对工业遗产保存环境的考量；考虑到工业遗产作为新型文化遗产的特殊性，加入了带有验证性的现场涂装实验。

在此之前，还未见国内有将工业防腐蚀手段有选择性地引入工业遗产机械设备的保护工作中来，本研究将为今后国内有关工业遗产本体保护工作提供一定的借鉴。

致谢：感谢北京碧海舟腐蚀防护工业股份有限公司为本研究提供了实验材料、实验场地和实验设备。感谢霍振友为本研究对防腐蚀涂料体系的实验室性能测试提供的制板、养护、操作等方面的帮助；感谢赵金庆、霍振友、张家栋、郭宏君对本研究现场涂装实验的大力帮助。感谢黄石市文物局为本研究现场涂装实验提供帮助。

注　释

［1］　单霁翔：《关注新型文化遗产——工业遗产的保护》，《中国文化遗产》2006年第4期，第10～47页。

［2］　黄允兰、林碧霞、王昌燧等：《古代铁器腐蚀产物的结构特征》，《文物保护与考古科学》1996年第1期，第24～28页。

［3］　ISO12944, Paints and Varnishes-Corrosion Protection of Steel Structures by Protective Paint Systems，1998。

［4］　中华人民共和国工业和信息化部：《HG/T 2454—2014 溶剂型聚氨酯涂料（双组分）》，化学工业出版社，2014年。

［5］　中华人民共和国国家质量监督检验检疫总局：《GB/T 1740—2007漆膜耐湿热测定法》，中国标准出版社，2007年。

［6］　中华人民共和国国家质量监督检验检疫总局：《GB/T 1766—2008色漆和清漆　涂层老化的评级方法》，中国标准出版社，2008年。

工业遗产中的实体与增强现实数字（AR）展示研究
——以黄石工业遗产展示为例

陈德新

（武汉艺术建筑设计院）

工业遗产是城市生态景观的一部分，具有较高的历史价值、科学价值、艺术价值与经济价值。工业遗产的留存能反映一个城市的工业历程与文明。

2003年7月国际工业遗产保护委员会通过了《下塔吉尔宪章》，分为"导言""工业遗产的定义""工业遗产的价值""鉴定、记录和研究的重要性""法定保护""维护和保护""教育与培训""陈述与解释"8个部分。宪章明确了工业遗产的定义："工业遗产是指工业文明的遗存，它们具有历史的、科技的、社会的、建筑的或科学的价值。这些遗存包括建筑、机械、车间、工厂、选矿和冶炼的矿场和矿区、货栈仓库，能源生产、输送和利用的场所，运输及基础设施，以及与工业相关的社会活动场所，如住宅、宗教和教育设施等。"

一、导言

几千年生生不息的矿冶之火，铸造了黄石"矿冶文明之都"的辉煌。黄石是华夏青铜文化的发祥地之一，也是近代中国民族工业的摇篮，有3000多年开发史、100多年开放史和60多年的建市史。商周时期，我们的祖先就在这里大兴炉冶，留下了闻名中外的铜绿山古矿冶遗址。资料表明：黄石矿冶文化源远流长，是中国的"青铜故里、钢铁摇篮、水泥故乡"。当前黄石正在积极保护、修缮和开发工业遗产片区（铜绿山古铜矿遗址、汉冶萍煤铁厂矿旧址、华新水泥厂旧址、大冶铁矿东露天采场旧址等），并将其作为申报世界文化遗产的支点和名片。其中特别是华新水泥厂旧址历经百年工业发展，拥有丰富的历史、文化、科技、审美价值，展现了黄石工业发展变迁脉络，具有不可取代的历史文化价值。

工业遗产的展示分为现实遗产展示与虚拟非物质工业遗产展示。首先，现实遗产展示是将工业遗产的遗留物进行展示。以华新水泥厂为例，遗留物可分为空间遗存和物质遗存。空间遗存为华新水泥厂旧址中的附属功能建筑，包括百货商店、食堂、职工俱乐部、华新礼堂、武装部、民兵之家、工人之家、妇女保健、小磨厂、水泥生产流水线等。非物质工业遗存为矿冶的工艺过程与水泥制造的技艺流程。若能将实物展示与虚拟工艺流程展示结合在一起，就能体现2016年政府工作报告中首次提出的"工匠精神"。这样的展示可以让参观者体验到不同时代的"工匠精神"，并能与"工匠精神"达成共识。

二、黄石工业遗产展示类型与方式

1. 华新水泥厂的背景

华新水泥厂旧址位于黄石市黄石港区黄石大道145号。旧址地处黄石市中心地段，北为黄石大道，东、南、西三面为民宅，南距磁湖500米。旧址占地面积约5.4万平方米。

华新水泥厂是我国近代最早开办的三家水泥厂之一，原名大冶湖北水泥厂，创建于清光绪三十三年（1907年）。1946年9月28日，在现址兴建了华新水泥股份有限公司大冶水泥厂。1949年初，第一台湿法水泥窑建成投产后，技术装备水平和生产规模能力，曾被誉为"远东第一"。1950年，华新水泥股份有限公司和大冶水泥厂合并，后经社会主义公有制改造成为"华新水泥厂"。2005年起老厂区陆续停产。

华新水泥厂旧址现存的1～3号湿法水泥窑是华新水泥厂历史进程中的重要见证，不仅具有重要的文物价值，而且从水泥生产工艺的角度看，代表了当时先进的生产力，在中国水泥发展史上具有很高的价值。

2. 工业遗产的展示类型与方式

综上所述，华新水泥厂的工业遗产展示分为历史遗存空间展示、物质实体展示、非物质文化遗产增强现实与实物展示。增强现实（AR）是以虚拟现实（Virtual Reality，VR）技术为基础结合其他学科技术发展起来的一个新兴分支。AR技术着重加强的是通过将计算机生成的虚拟信息（文本信息、图像、虚拟3D模型、视频等）与现实物理环境中的场景信息相融合，让用户觉得营造的虚拟环境是其所在周围真实物理环境的一个组成部分，进而加强了真实环境中的信息。

1）历史遗存空间展示：历史建筑主要有综合楼、休息室、火车散装站、库房、职工俱乐部等；文物建筑主要有装车处、装车站台、帮装车间、水泥输送长廊、送风机房、水泥库、联合储库、熟料库、粗磨车间、细磨车间、煤磨车间、煅烧车间、烤干车间、中转楼等。结合这些工业遗产的建筑结构、使用功能、建筑层数、建筑高度等实际情况，对将其改造为博物馆后的用途进行如下区分：

建筑局部空间保持这些功能与工艺的存在，并对功能分区进行有效的空间秩序组合。剩余的空间可以根据产业布局的需求进行重新利用。例如，粗磨车间、细磨车间、煤磨车间、煅烧车间、库房、烤干车间、职工俱乐部等只需要在空间局部进行工艺实物展示和图片信息展示，剩余空间即可有效再利用。

2）物质实体的展示：对原有干、湿法两种水泥工艺的生产厂房、吊架、管道等建构筑物集中保留以作为水泥博物馆的实体展示，对水泥加工工艺流程充分利用以串联各个设施，从而形成网络化的参观游览路线，最终实现"工厂就是博物馆"的开放式、网络化的展示体系。通过合理规划，集中展现湿法水泥生产工艺、华新水泥厂发展历史、中国水泥工业发展史。

3）非物质文化遗产增强现实（AR）与实物展示，主要通过以下几种方式进行展示：

通过影像、三维模型等现代技术手段，重新展现华新水泥厂当年工业生产的繁荣景象，进行工业技艺的展示。

以影像、雕塑、文字的形式结合入口广场的工人俱乐部、工人礼堂、二门等生活场所展现当年生产生活场景，重点表达在重大历史时期华新水泥厂生产生活风貌变迁的影像与雕塑，进行生活场景的展示。

在主要广场和出入口附近设置工业、工人雕塑群，重新找回当年的生产生活场景。

通过华新水泥厂的厂志、设计图纸、老照片等史迹资料的展示，直观地展现华新水泥厂辉煌的过往以及为中国近现代重工业的进程所做出的巨大贡献。

三、黄石工业遗产增强现实（AR）与实物展示的载体比较

实体博物馆的建筑坐落及其内部宽敞的物理空间——展厅或展室即为实物化陈列展览的载体，展品、设备、陈列设施等一切与展览相关的实物要素都要在此空间内摆放，以组合、搭配共同构成体系化的陈展作品展现在观众面前，而观众亦须走进这个实体展示空间方能进行参观游览、学习交流等活动。展厅、展室承载了陈列展览的全部。

相对于传统博物馆高大、开阔的实体展示空间，数字博物馆的展示载体则是一台普通的软、硬件系统配置完备的计算机。所有数字化藏品信息都将通过多媒体、增强现实等各种各样的数字化展示技术综合运用在电脑平台上得以集中、丰富的呈现。虽然就外观而言，它与实体博物馆的陈展大厅无法媲美，但从展示空间的角度看，它所表现出的性能却毫不逊色。相比于实体博物馆静止、固定、有限的物理空间，它很好

地展现了自由、开放的一面。它摆脱了传统建筑条件束缚，无须占有大面积的展览场地，只需通过电脑与互联网相连接，即可为全世界各地的观众打开数字化存储空间和信息展示界面。通过显示器的屏幕，观众便"走进"了数字博物馆的展示空间，可以方便灵巧地从中获取所需的文化信息。

如果能将二者结合那就很完美了。例如，铜绿山古铜矿遗址是一座从商代晚期一直延续到汉代开采和冶炼的古铜矿遗址，是中国目前已经发现的年代久远、规模最大、采掘时间最长、冶炼工艺最好的采矿与冶炼相结合的遗址。它充分展示了我国古代采矿、冶炼高度发达的生产技术，是中华民族乃至全人类矿冶文化的瑰宝。1982年被列入全国重点文物保护单位。在20世纪80年代初，笔者受湖北省博物馆委派，来到黄石市原博物馆（沈家营），支援该馆的大冶铜绿山古铜矿遗址的陈列设计与制作实物模型，并创作了系列1∶1的人物雕塑，再现了古代采矿与冶炼的劳动场景，收到了良好的展览效果。在当今工业遗产博物馆陈列展示中，需要将一些场景中的实物模型以雕塑的方式展示出来，背景则需要利用增强现实的虚拟技术将过去的场景模拟出来，具有很强的感染力。这无论从人的生理机制还是认知过程来说，都会使观众感到亲切，易于接受和理解，能够得到具体、深刻的印象，有助于提高记忆效果，促进观众的思维和认识。现代博物馆特别是设施先进的博物馆，许多先进教育手段的实施，使观众不仅可以眼看、耳听，而且可以触摸、实验和操作，从而充分了解展品。

四、结语

在博物馆的陈列中，每件展品都不是孤立的个体，它与部分、单元、组的其他展品是相互联系的。因此，通过实体与增强现实数字展示结合可以有机地组织这些工业遗产，形成核心主题，达到生动展示"工匠精神"的目的，便于观众走进这个实体与增强现实数字的展示空间，并且给观众留下直观的印象。

黄石地区古代矿冶遗址考古研究与保护回眸与展望

陈树祥[1]　王定兴[2]　林　戈[3]

（1、2．湖北理工学院矿冶文化研究中心　3．湖北省博物馆）

长江中游南岸的黄石，自古以来因其丰富矿产资源开发利用在中华文明进程中起着举足轻重的作用，其所沉淀的厚重的矿冶文化彰显了黄石地区四千多年开拓进取、融合创新的辉煌历程。本文略对半个世纪以来黄石地区矿冶考古发现与研究、保护与利用成果进行回顾，对下一步工作谈点思路。

一

黄石地区最著名的矿冶遗址首推铜绿山古铜矿遗址，1973年其在现代采矿中横空问世，从而首次在黄石地区拉开了中国矿冶考古的帷幕[1]。此后，历经五十年考古发掘工作，硕果累累。多学科研究表明，以铜绿山古铜矿遗址为典范的矿冶遗址，是古代中国科技发明的高地，在四千多年的时空维度里，所创造的采冶技术以及因此形成的矿冶文化在中国古代矿冶遗址中具有独特性、唯一性和先进性[2]。

2008年，黄石地区完成了第三次全国文物普查和专项普查。从已调查发现矿冶遗址分布范围看，黄石市城区、大冶市、阳新县共发现历史时期采矿遗址4处、冶炼遗址170处、管理矿冶生产运输的古城址5座[3]。

这些矿冶遗址以采冶金属矿类为主，主要为采冶铜、铅、铁类遗址。其中，阳新大路铺遗址在距今4100年之前的石家河文化晚期至后石家河文化时期出土了冶铜的炉壁残块、铜矿石、炉渣，以及含铜、锡、铅的青铜器残片等遗物[4]。大冶蟹子地遗址后石家河文化中，出土了铜矿石和碎矿工具[5]。大冶金牛镇香炉山、张家山等遗址不仅出土了商周时期冶炼红铜的炉渣，还出土冶炼青铜的炉渣、生铁渣[6]。2021年，李延祥团队在阳新县银山矿区一带发现商周、两周、宋、清时期14处冶炼铅矿的炉渣[7]。通过对这些矿冶遗址出土冶炼遗存研究，显示了长江中游黄石地区早在先秦时期存在多门类、多样化的采冶技术及与中原地区相互影响的信息，这为全面认识黄石乃至长江中游地区古代冶金产业体系、搭建本区域冶金文明发展脉络提供了新资料。此外，这些采冶遗址规模大小不一，采冶门类有别，采矿与冶炼之间分布位置的远近不同，似暗示本地区在某时段采冶业存在国营和私营共同生产现象，或许历史时期矿冶经济存在多元性和互容性的模式。

黄石地区发现的古代采冶遗址中，铜绿山古铜矿遗址是中国古代科学技术创新高地的典范。从该遗址采矿方式和规模观察，铜绿山古铜矿由12个矿体组成（图一），这些矿体都被古人采掘过。但是，从采矿技术观察，古代采冶活动肇始于地表露天开采，再发展为地下井巷开采。

在铜绿山5个矿体上发现先秦时期露天采矿场7座，其中，铜绿山XI号矿体发现了最早的露天采坑，笔者认为其始采年代为后石家文化时期[8]，采掘深度达30米，露采坑底部遗存有商周时期采矿井巷。铜绿山最大的露采坑为VI号矿体（俗称"乌鸦朴林塘"），露采坑范围为130米×130米，坑口距坑底深20米，时代为春秋（图二）。

自商代开始，铜绿山发明了井巷开采地下铜矿石技术，采掘深度达30米。在铜绿山10个矿体上发现地下采矿区18个，其中，在5个矿体揭露出6处采矿遗址，共清理出商周至汉唐时期的采矿竖（盲）井231个、平（斜）巷100多条；古代采矿井巷如同密集地道，横竖联通，春秋时期采矿深度达60米，战国至西汉采掘深度近百米（图三）。从已发现铜绿山采矿遗址观察，推测铜绿山古代采矿井巷总长度约8000米，井巷木支护使用的木料达3000立方米，挖掘出矿料和土石达100万立方米；其中，古代采场地表遗留的铜矿石达3万～4万吨（铜品位为12%～20%），废土石70余万立方米。由露天开采转入地下井巷开采，这既是一次生产方式变革，更是一次技术上的飞跃。古人需要用一种全新的方法和手段来获取铜矿，这包括在地下发明追踪富铜矿脉技术、掘进拓展技术进而催生井巷的支护、通风、排水、照明、提升等一系列复杂而又自成体系的科学采矿技术。

铜绿山古铜矿遗址出土一大批石、铜、铁、木、竹、骨质的采冶工具，且自成系列而发展变化。其中，出土一件春秋时期青铜斧，重达16.3千克（图四），可见开采工具之威力。因此，著名考古学家张忠培先生称其为青铜时代"中华第一斧"！

在铜绿山VII号矿体东北麓的岩阴山脚遗址南部，发现洗选矿废弃的尾砂堆积1处、选矿场1处（图五）。说明冶炼前，必须对采掘出来的氧化铜矿石进行洗选，使其达到符合冶炼的铜矿石标准[9]。

铜绿山12个矿体（山）之下分布冶炼遗址50处，先后在XI号矿体东北麓、柯锡太、岩阴山脚、四方塘、卢家墩遗址发掘出东周至汉代鼓风冶铜竖炉16座。冶炼遗址之上堆积着冶铜排弃的炉渣，推测重量达40万吨，冶炼出粗铜8万～12万吨。

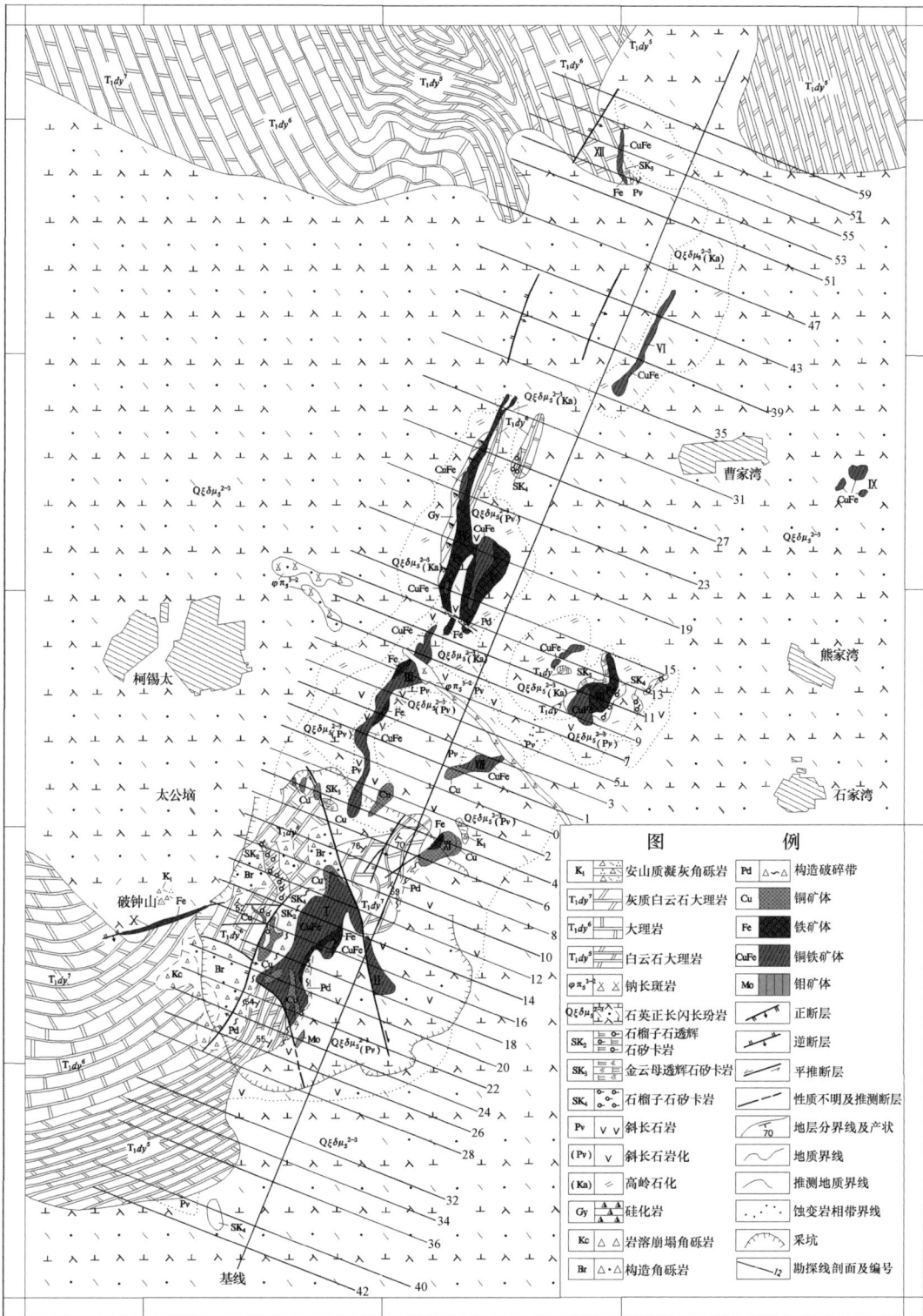

图一　铜绿山12个矿体与岩性分布图

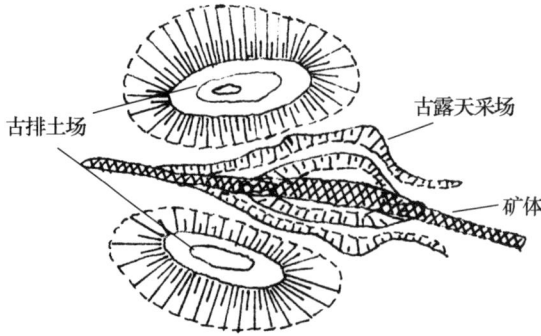

图二　铜绿山Ⅵ号矿体古露采坑（俗称"乌鸦朴林塘"）
等遗迹平面图

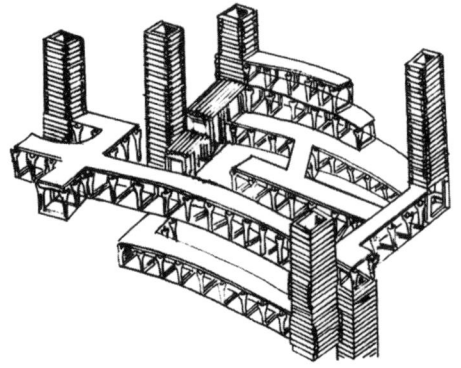

图三　铜绿山Ⅰ号矿体（俗称"仙人座"）
24线战国至汉代矿井开拓系统复原图

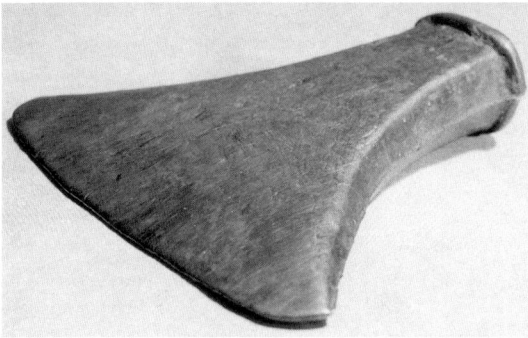

图四　铜绿山遗址出土青铜斧

图五　铜绿山岩阴山脚遗址南区考古
揭露的选矿场

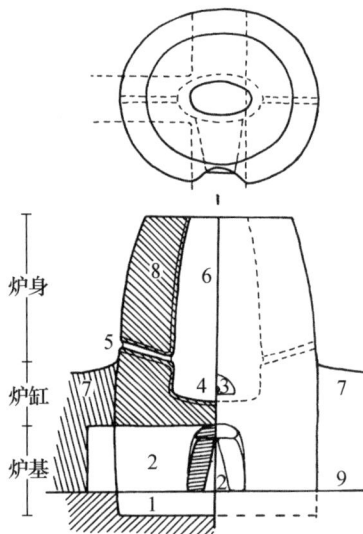

图六　春秋时期鼓风冶铜竖炉复原图

1. 炉底基础　2. 风沟（火沟）　3. 金门
4. 排放孔　5. 鼓风口　6. 炉内壁
7. 工作台　8. 炉壁　9. 原始地面

经对铜绿山春秋时期鼓风竖炉复原研究和实验（图六），这种炉子可连续冶炼、不间断排渣、间接排放铜液。学术界认为，这种鼓风竖炉为本地生铁冶炼奠定了基础，或者说，中国生铁冶炼技术始于黄石铜绿山地区。诚然，这种观点期待考古发现印证。

李延祥等先生通过对铜绿山遗址冶铜排弃的炉渣进行检测分析，可判定冶炼的矿石品类及冶炼工艺，因而发明了"炉渣学"。其中，铜绿山冶铜工艺分为三种："氧化铜—铜"工艺、"硫化矿—铜"工艺、"硫化矿—冰铜—铜"工艺[10]。铜绿山春秋时期炉渣平均含铜为0.7%，接近于现代排放标准；经对铜绿山Ⅺ号矿体冶炼场春秋时期L3、L4遗存的小铜块和大冶湖古码头出土的十多块铜锭检测分析，其含铜量皆在90%以上，这无疑是当时的"吉金"。由此断定，这里春秋时期冶炼水平居当时世界领先地位。

　　铜绿山各矿体蕴藏的氧化铜矿石占比量小，主要为硫化铜矿石，若用"硫化矿—冰铜—铜"工艺进行反复火法脱硫冶炼获取纯铜，其木炭用量大，工作周期长，纯铜产量低，成本高。因此，东周时期铜绿山冶匠在长期冶炼活动中摒弃了"硫化矿—冰铜—铜"冶炼技术，发明了硫化铜矿火法脱硫技术。如在铜绿山陈儒后背山遗址发现了东周时期火法脱硫处理的炉（窑）箅孔残块（图七），揭示了硫化铜矿石冶炼前，首先将硫化铜矿石堆放在特制炉（窑）箅上，用木材进行焙烧而脱硫，推测经火法脱硫的铜矿石再放入冶炼炉进行冶炼，获取粗铜。这一冶铜技术流程无疑是发明创新，节约了成本，提高了工效，并为后世所传承。

图七　铜绿山陈儒后背山遗址采集东周时期火法脱硫处理的炉（窑）箅孔残块

　　在铜绿山四方塘遗址，揭露北宋时期不同形状的硫化铜矿石火法脱硫处理的焙烧炉3座（编号L2、L4、L14）（图八）[11]，明代长条形焙烧炉5座（编号L6、L8、L9、L10、L11）[12]（图九），这对于弄清宋明时期硫化铜矿石火法脱硫炉（窑）与技术发展变化提供了实证，无疑填补了中国宋明时期硫化铜矿石火法脱硫技术的空白。

图八　宋代焙烧炉（L2、L4、L14）

图九　明代焙烧炉（L8、L9、L10）

铜绿山Ⅶ号矿体考古发掘与研究，揭示了春秋时期找矿→采矿→选矿→冶炼的产业链，弄清了古代就山采矿、就矿冶炼，即山上采矿、山下选冶的空间布局（图一〇）。

图一〇　铜绿山Ⅶ号矿体春秋时期采选冶布局示意图

但是，铜绿山早期这种产业链可能规模小，仅数人就可承担，且采矿区与冶炼区分离。铜矿在古代一直是国家或政治集团重要战略或经济物资，当规模化生产时，需要组织数十人或上百位能工巧匠和普通矿工驻扎在矿山集中采冶，进行军事化管理。铜绿山四方塘遗址墓葬区的发现，为我们认识这种人力管理和技术分工提供了研究范例（图一一）。四方塘遗址墓葬区共揭露夏代至东周时期墓葬246座，以春秋时期墓葬为主。其中，夏代墓葬1座、商代墓葬2座、西周墓葬13座、春秋时期墓葬（含无随葬品的空墓）229座、战国墓葬1座[13]。从墓葬位置和规模、葬具以及随葬品质地与多寡观察，可推析墓主人生前身份和地位。其中，7座中型墓葬的葬具为一棺一椁，可能为矿冶生产高层管理者；小型单棺墓葬较多，随葬青铜工具或成组陶器，可能为技师和部分中层管理者；部分单棺墓葬仅随葬武器，可能为矿区保卫人员；有的仅随葬铜铁矿石、石砧、炉壁等，可能为技工；152座小型墓无任何随葬品，应为底层从事采矿、洗选矿、冶炼方面的普通工人。在铜绿山岩阴山脚遗址南区，发现春秋时期矿工的赤足印35枚（图一二）。经公安部足迹专家现场抽样11枚赤足印进行检测和鉴定，推定赤脚印者分别为一高一矮的两个矿工所踏踩，其中，一人身高为1.72米（图一三）；另一人较矮，仅高1.52～1.54米（图一四）。赤足印皆呈负重行走滑行痕迹，说明底层矿工劳动十分艰辛[14]！

图一一　铜绿山四方塘遗址墓葬区

图一二　铜绿山岩阴山脚遗址南区揭露35枚矿工赤足印

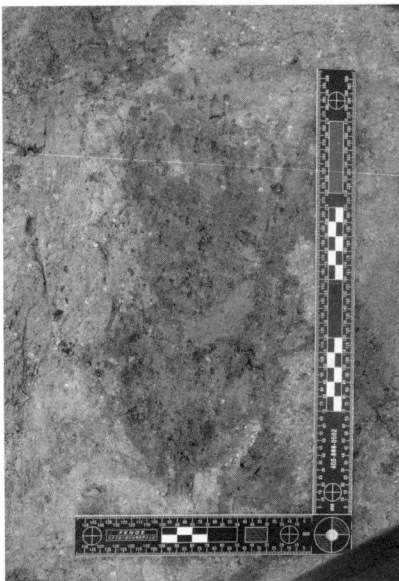

图一三　身高矿工的赤足印

图一四　身矮矿工的赤足印

二

　　黄石地区矿冶遗址保护管理经历了艰难的历程。前述黄石地区发现矿冶遗址数量多，分布范围广。有的矿冶遗址位于现代生产区和居民生活区，而大量冶炼遗址地处偏僻乡村，因此，遗址保存环境复杂，保护管理任务十分繁重。尤其是铜绿山古铜矿遗址为我国科学发掘的第一个矿冶遗址，其考古发现与研究成果实证了这是目前中国乃至世界发现的古铜矿遗址中采冶延续时间最长、开采规模最大、采冶链最完整、采冶技术水平最高、保存最完整的一处文化遗产，影响深远。1982年，铜绿山古铜矿遗址被国务院公布为全国重点文物保护单位（图一五）。1984年底，在铜绿山Ⅶ号矿体古代采矿遗址上建成铜绿山古铜矿遗址博物馆并对外开放（图一六），这是我国建设的首个矿冶遗址博物馆，受到社会各界的欢迎。

图一五　铜绿山Ⅶ号矿体1号点　　　　　图一六　铜绿山古铜矿遗址博物馆
　　　　　古代采矿井巷遗迹

　　铜绿山考古发掘成果不仅展示了古人采冶活动创造的辉煌成就，而且折射出工匠们在无数磨难中锲而不舍的创新精神。为了完好保护Ⅶ号矿体发现的珍贵文化遗产，一些有识之士同样经历了艰辛与曲折。其实，由于铜绿山古铜矿遗址博物馆建在Ⅶ号矿体之上，下面蕴藏着价值几十亿元的铜、铁、金等矿产资源，而铜的需要时常紧俏。正因为矿产经济价值高，铜绿山矿产企业拟将原定的"坑内及小露天联合开采方案"改为"全露天开采方案"，达到获取矿产资源的最大化，而遗址原地保护无疑妨碍了矿产生产。1983年生产部门提出将Ⅶ号矿体上部2000平方米古代采矿遗址切割成三大块，往东搬迁400米，脱离原矿体进行拼合保护，为铜绿山矿产企业露天采矿腾出场地。同时，生产部门还提出将Ⅶ号矿体开发后所得的利润1.17亿元，作为搬迁和建设1万平方米新博物馆馆舍的经费。这对于初期的铜绿山遗址博物馆而言，所给出的条件是十分优厚的。该搬迁保护方案一经提出，竟然获得多数领导和专家赞同，但也立即遭到少数原地保护者的质疑。为此，文物和冶金部门分别组织专家开展了长达八年的铜绿山Ⅶ号矿体采矿遗址"搬迁保护方案"和"原地保护方案"大论证。1991年8月，国务院最终同意"原地保护方案"。八年的艰苦论证和艰难决策，折射出我们这个国家和民族在经济建设中对文化遗产保护的慎重和重视，见证了少数文物工作者的执着与忠诚。"原地保护方案"获得国务院批准的历程，不仅为中国文物保护探索出一条科学保护之路，也为以后的三峡水利工程、南水北调工程建设等涉及的淹没区的文物大抢救提供了借鉴[15]。

在世界文化遗产名单中，国外的一些矿冶遗址，如挪威勒罗斯卡铜矿、墨西哥瓜纳托历史名城及周围矿藏、日本石见银山等先后申遗成功。铜绿山古铜矿遗址与之相比，价值更具有独特性，获得中外专家和我国政府的关注。1994年，铜绿山古铜矿遗址被列入《中国世界文化遗产预备名单》。2001年，铜绿山古铜矿遗址被评为中国20世纪100项考古大发现之一，足见我国文物主管部门和学术界对遗址价值的认同。遗憾的是，铜绿山古矿冶遗址保护管理与生产建设的矛盾一直未能消弭，有时两者矛盾十分激烈。尤其是21世纪初期，由于铜铁矿价格持续上涨，对于铜绿山古铜矿遗址的保护来说，又经历了一次严峻的考验。铜绿山古铜矿遗址直属黄石市文化部门，而遗址所在地为大冶市，遗址又坐落于省属企业采矿范围，这种"有权管不了，无权不想管"的局面非常复杂。由此出现非法地下采矿者采到了遗址下方，滥采形成的采空区导致遗址出现较大范围的裂缝以及滑坡等，严重影响了遗址的安全。是时，遗址本体及周边环境也十分恶劣，空气和水土皆被严重污染。这些导致2006年铜绿山古铜矿遗址从《中国世界文化遗产预备名单》中被取消，引起社会震惊！在各级政府强有力的干预下，制止了滥采乱挖，对遗址边坡进行了加固。遗址很快恢复了昔日尊容，环境面貌逐步改善。2009年11月26日，经省市文物主管部门批准，铜绿山古铜矿遗址的管理权由黄石市移交给大冶市，并成立了大冶市铜绿山古铜矿遗址保护管理委员会。保护管理机构的初步完善，给铜绿山古铜矿遗址的保护与发展带来了新的生机与活力。2011年，《铜绿山古铜矿遗址国家考古遗址公园考古工作计划》开始实施，从而揭开了新一轮考古工作，新成果不断面世，为推进铜绿山古铜矿遗址国家考古遗址公园立项和重返《中国世界文化遗产预备名单》提供了资料基础。2012年，大冶市政府组织有关单位编制了《铜绿山古铜矿遗址保护规划》，并申报国家文物局批准，湖北省人民政府批复同意实施。遗址区保护面积由原来5万平方米扩大到555.7公顷，这为遗址的保护和可持续发掘与发展奠定了基础。同年，铜绿山古铜矿遗址作为"黄石工业遗产"主要组成部分，重入《中国世界文化遗产预备名单》。2013年5月，国家文物局、财政部印发《大遗址保护"十二五"专项规划》，确定包括铜绿山古铜矿遗址在内的150处重要大遗址列入专项规划。国家文物局还将铜绿山古铜矿遗址列为国家考古遗址公园建设项目，把铜绿山古铜遗址的保护、利用提高到一个新的层面，也给铜绿山古铜矿遗址的保护与发展提供了新机遇。为了实现这一伟大目标，中国文化遗产研究院承担编制了《铜绿山古铜矿遗址国家考古遗址公园总体规划》，将遗址保护区细划为八大功能景观区（图一七）。

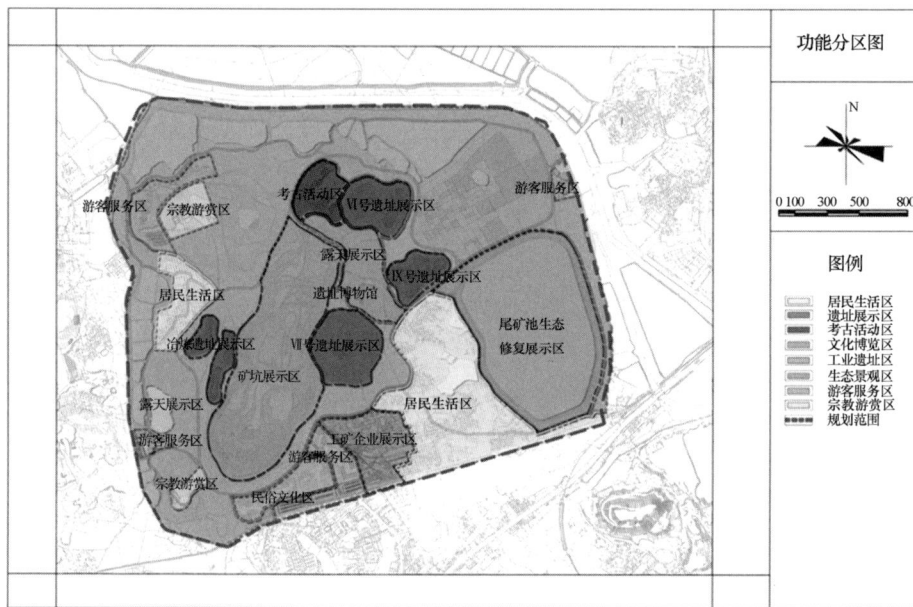

图一七　铜绿山古铜矿遗址国家考古遗址公园总体规划

2016年，铜绿山四方塘遗址墓葬区项目被评为"2015年度全国十大考古新发现"。2021年，铜绿山古铜矿遗址荣获"中国百年百大考古发现"，并列入国家文物局《大遗址保护利用"十四五"专项规划》，足见其在中国矿冶遗址中的重要价值和地位。2016年，大冶市政府还投资1.2亿元，建设面积12000平方米的铜绿山遗址博物馆新馆，其主体工程已完工（图一八），室内展陈及室外考古遗址公园的各项施工已进入收尾阶段，预计2023年6月建成开放。预计新博物馆及考古遗址公园的竣工及对外开放，必将促进文化遗产有效保护与旅游，推动地方经济社会文化可持续发展。

三

黄石地区无论分布于乡村的各类矿冶遗址，抑或令世人关注的铜绿山古铜矿遗址，在社会经济大发展环境下，既存在保护工作发展的不平衡性问题，也面临许多新难点、新挑战。一是因文物机构改革出现问题，文物保护管理之力量、职责和工作方法只在城区内得到了加强，而野外矿冶遗址保护管理却出现削弱现象，日常保护巡查基本停顿，有些遗址遭到人为或自然破坏处于无人问津的状况。二是因受经费制约和专业人员不足影响，在考古调查中，一些地带出现矿冶遗址空白点，矿冶遗址总体底数不清。三是许多遗址因钻探和发掘研究工作仍然十分薄弱，大量矿冶遗址性质、文化内涵及价值不清，尤其是本地铜、铅、铁矿采冶肇始年代，以及矿产资源在中国文明进程中的作用与地位不甚明晰，这些妨碍了矿冶遗址的保护和利用。四是矿冶遗址的文化旅游作用不强，尤其在满足人民精神文化生活的作用上不突出。

图一八　铜绿山遗址博物馆新馆设计鸟瞰图

四

从1921年以来，在百年的时空里，中国考古工作取得了辉煌成果，实证了中国百万年人类史、一万年文化史、五千多年文明史。黄石古代矿冶遗址的考古工作虽然只有近半个世纪的历程，但作为黄石乃至中国最耀眼矿冶遗产——铜绿山古铜矿遗址，以其独特的价值入选中国"百年百大考古发现"。

展望未来，要认真谋划好黄石地区矿冶遗址保护与利用工作如何走向深入，面向世界，服务好人民这个大规划。笔者认为可从三个方面进行：

1）以课题为导向，争取将黄石古代矿冶遗址纳入国家科技文化建设重要战略项目，组织多学科专业队伍，编制十年（"十四五"及"十五五"）矿冶遗址考古调查、发掘研究、保护与利用规划。

2）制定矿冶遗址调查方法和标准，深入田野开展调查和专项复查，进一步摸清尘封于黄石大地的矿冶遗产"家底"。选择重点遗址进行发掘，加强多学科合作，突出重点，如对阳新境内新发现铅矿采冶遗址[16]、大冶金牛镇香炉山青铜冶炼遗址、邹村古墓群以及铜绿山古铜矿遗址分别进行发掘，重点弄清冶炼铅矿和冶炼青铜技术工艺、文化内涵、时代及与周边文化、技术交流关系等，重点弄清邹村古墓群墓主人身份、地位、时代及与鄂王城城址关系，为探寻鄂文化形成与发展、湖北省简称"鄂"的来源等方面提供基础资料；重点弄清铜绿山古铜矿遗址始采年代、铜绿山粗铜流向以及西汉以后采冶技术特征，丰富铜绿山遗址的历史、科技、社会、艺术价值。

3）矿冶遗址保护与利用必须与美丽城乡建设融合。在考古调查与发掘基础上，公布一批文物保护单位，加强遗址巡查保护力度。将矿冶遗址"活起来"与国家乡村振兴战略融合，编制好保护利用发展规划，逐步实施融合工程，使沉睡于黄石大地的矿冶文化惠及人民。

当前，应举全市之力重点支持铜绿山遗址博物馆新馆展陈和核心公园景区早日建成开放，进而推进铜绿山国家考古遗址公园挂牌，将铜绿山古铜矿遗址营建成中国第一流矿冶文化公园、世界青铜文明的圣地，作为"黄石工业遗产"申报世界文化遗产的"龙头"。

2023年3月21日修改于铜绿山考古工作站

注　释

[1] 黄石市博物馆：《铜绿山古矿冶遗址》，文物出版社，1999年。

[2] 李社教、谭元敏、陈树祥：《关于铜绿山古铜矿遗址保护管理的思考》，《湖北理工学院学报（人文社会科学版）》2017年第3期。

[3] 陈树祥：《从黄石地区古近代矿冶遗址专题调查探析其兴衰》，《黄石社会科学》2010年第1、2期合刊；陈树祥、龚长根、胡新生等：《铜绿山——矿冶考古发现与研究》，湖北人民出版社，2016年。

[4] 湖北省文物考古研究所、湖北省黄石市博物馆、湖北省阳新县博物馆：《阳新大路铺》，文物出版社，2013年。

[5] 湖北省文物考古研究所、黄石市博物馆：《湖北大冶蟹子地遗址2009年发掘报告》，《江汉考古》2010年第4期。

[6] 李延祥、崔春鹏、李建西等：《大冶香炉山遗址采集炉渣初步研究》，《江汉考古》2015年第2期。

[7] 李延祥、逄硕、程军等：《湖北阳新炼铅遗址群调查与初步研究》，《江汉考古》2021年第2期。

[8] 陈树祥：《大冶铜绿山古铜矿始采年代及相关问题研究》，《湖北理工学院学报（人文社会科学版）》2014年第2期。

[9] 湖北省文物考古研究所、大冶市铜绿山古铜矿遗址管理委员会：《大冶市铜绿山岩阴山脚遗址发掘简报》，《江汉考古》2013年第3期。

[10] 李延祥、韩汝玢、柯俊：《铜绿山XI号矿体古代炼铜炉渣研究》，《铜绿山古矿冶遗址》，文物出版社，1999年。

[11] 陈树祥、王定兴、陈晨等：《大冶铜绿山新见宋代炉（窑）之研究》，《湖北理工学院学报（人文社会科学版）》2022年第3期。收入《铜绿山古铜矿遗址与中国青铜文明研究》，长江出版社，2022年。

［12］ 陈树祥、王定兴、陈晨等：《大冶铜绿山四方塘遗址新见明代焙烧炉及相关问题研究》，《南方文物》2022年第5期（C刊扩版）。

［13］ 陈树祥、连红：《铜绿山考古印象》，文物出版社，2018年。

［14］ 湖北省文物考古研究所、大冶铜绿山古铜矿遗址保护管理委员会：《湖北大冶铜绿山岩阴山脚遗址发掘简报》，《江汉考古》2013年第3期。

［15］ 陈树祥、龚长根、胡新生等：《铜绿山——矿冶考古发现与研究》，湖北人民出版社，2016年。

［16］ 李延祥、逄硕、程军等：《湖北阳新炼铅遗址群调查与初步研究》，《江汉考古》2021年第2期。

黄石近代工业文化内涵的城市比较研究

尚 平

（湖北师范大学历史文化学院）

近年来，关于努力挖掘遗产文化价值，以旅游开发促进遗产保护、以工业旅游推动城市及区域经济转型发展已经成为政府、文物部门、企业和学术界的普遍共识。但是，由于不同城市因过去的经济发展、行业影响方面都有差异，其工业遗产的特点也各不相同，所以挖掘自身的文化内涵和特色，发现并打造亮点，就成为旅游设计、规划的前提。

黄石地区既有世界闻名的古代铜矿遗址，又有大冶铁矿、汉冶萍煤铁厂矿旧址、华新水泥厂等一大批历史悠久的近代工业遗产。黄石市的诞生、发展也是在近代洋务运动的推动下开始的，是因近代工业兴起而形成的工矿业城市，初期所形成产业结构不仅延续到1949年，甚至影响至今。目前，政府和学术界关于黄石工业遗产的基本特点已有很多认识，虽然这些认识已经成为共识，但是在这些工业遗产中还缺乏一种更鲜明、更具有震撼力的共性特质。黄石工业史发展中的城市比较研究比较薄弱，本文试图将黄石近代工业与中国重要的近代城市进行比较，借以凸显该市工业文化的内涵。

一、近现代城市工业发展的比较

黄石的工业历史文化内涵与其他在近代工业文明中发展起来的城市，如上海、天津、广州、武汉、重庆、鞍山、唐山、萍乡等都不同。

近代以来，受到欧美资本主义经济扩张影响而发生经济、社会深刻转型并迅速兴起的城市主要集中在沿海、沿长江一带，上海、天津、广州、青岛是其中的代表。

上海开埠于1843年，逐步由苏州的外港，发展成为辐射长三角以至长江流域、北方广大地区的中国第一大港口城市和现代工商业中心。最初在租界中出现了服务于近代化公用事业的公司，如从20世纪60～80年代出现的大英自来火房（煤气设施）、上海自来水公司、上海电光（电灯）公司等。甲午战争之前，外资在上海投资的三分之二集中在船舶修造业、缫丝业、轮船运输等行业。《马关条约》签订后，外资兴办的纱厂在上海占有突出地位。辛亥革命前，上海的民族工业主要分布在棉纺织、缫丝、面粉、卷烟、食品、榨油、制革、火柴、印刷等轻工业部门[1]。20世纪30年代以前，上海近代工厂所拥有的布机数在全国华商棉纺织厂中所占的比重在40%～50%，有的年份甚至高达70%[2]。20世纪初，据上海海关称："以前它（上海）几乎只是一个贸易场所，现在它成为一个大的制造中心。……主要的工业可包括机器和造船工业、棉纺业和缫丝业。"[3] 截至1949年，重工业产值仅占全市工业总产值的11.8%[4]。

天津是北方最重要的港口城市，同时也是随着洋务运动发展起来的工业城市。作为中国北方的洋务中心，19世纪60年代建设的军事工业和民用工业，包括军工、航运、工矿、电信和铁路；外国人在天津投资创建了轮船驳运、羊毛打包、印刷、煤气、自来水、卷烟等轻工企业。1914～1928年是天津工业迅速发展的时期，纺织、面粉、化工等大型工厂发展较快，其中制盐（代表企业为久大制盐公司）、碱（代表企业永利制碱公司）、棉纱（代表企业中纺公司）、面粉、火柴（代表企业丹华火柴厂）等17家大型工厂资本额合计为2900余万元，占资本总额的93.3%[5]；使天津成长为仅次于上海的全国第二大工业城市。正如学者指出：到20世纪20年代，天津已经形成了"以轻工业和出口加工业为主的工业体系"[6]。

近代早期广州的工业类别，主要有火柴、机器纺织、造纸、食品等轻工业，以及电灯、水泥、玻璃、机械修理等。到民国中后期，主要增加有电力、电池、机械、化学等重工业。消费性轻工业占工业总值的90%以上[7]。在轻工业中，最发达的是火柴工业，据1928年统计，全国有184家火柴厂，广州有16家[8]。所以，广州城市经济的一个突出特色是"商强工弱"，属于工业基础薄弱的消费型商业城市。1949年广州市的工业总产值（包括手工业）只有2.39亿元（同期上海23亿元）。根据1947年国民党经济部发布的20个主要城市的调查资料，广州的工厂与工人数占全国的3%，低于天津、青岛[9]。

1897年以前，青岛口是华北沿海的一个普通市镇。此后经历了德占、日据时期，港区不断扩建，逐渐发展成为山东第一大对外贸易港，在北方则仅次于天津、大连而位列第三。商贸的发达推动了工业的发展，"往者本市繁荣仅恃商业，十余年来，工厂猬起，制造发达，纺纱、火柴、卷烟等类尤负盛名"[10] 近代青岛最重要的工业是棉纺织业，其中主要是日资纺织厂，华商纱厂较少。据1931年统计，青岛大型纺织厂有7家，日本工厂占有6家，产值占全市纺织业的90%。青岛是与上海、天津并列的中国三大现代棉纺织工业中心。除了纺织业外，机械、火柴、榨油、卷烟、制蛋等工业次之。1945年日本投降后，日资工厂被中国政府接收。

可见此时期在天津、上海、广州、青岛这些城市，其除了商贸发达外，在工业方面，虽然有与外商轮船修造相关的机器制造业获得了快速发展，但这些修船厂也都是由外商设立的。民族资本主义的发展，给这些城市带来近代化色彩的主要是纺织、面粉加工、化工等轻工业，其钢铁、煤炭、电力等重工业发展比较薄弱。

除了天津、上海、广州三大主要沿海口岸城市外，苏州、无锡、杭州等中国传统社会时代中的重要城市也因处于口岸附近，具有发展优势，在近代化过程中虽然也在艰难转型，但新兴的产业部门也多以纺织等轻工业为主。

武汉、重庆起初为沿江商埠，同时也是内地重要的工业城市。武汉三镇的工业化在张之洞主政湖北时获得迅猛发展，并奠定了后来武汉工业发展的大致格局，由于拥有大量采用近代机器生产的钢铁、煤炭、纺织、机械制造等工业，尤其是汉阳铁厂的兴办，一时间武汉成为晚清民族重工业发轫的最重要城市。也正是随着汉阳铁厂的兴办，黄石因为拥有大冶铁矿、王三石煤矿、湖北水泥厂和大冶铁矿运道而迅速崛起，成为极具现代气息的现代化城镇。辛亥革命后，汉阳铁厂衰落，汉冶萍公司的近代大型铁矿依旧在黄石维持，而黄石的煤炭、水泥工业仍在继续发展，1916年随着石灰窑附近袁家湖开始兴建设备为世界一流的大冶新厂时，预示着黄石的钢铁工业地位将取代武汉。此外，武汉重工业的门类也远没有黄石齐备。

重庆的重工业，尤其是钢铁制造业崛起于抗日战争时期。研究表明，战前机器生产在四川各行业工厂中的比重分别是：印刷业82%、面粉业56%、玻璃业46%、缫丝和丝织业36%、煤矿业31%、造纸业18%、棉织业17%、五金机械和翻砂业14%、火柴业13%[11]。从产业部门分布来看，也主要是轻工业。其中1911年以前，外资开设的重要工厂有猪鬃加工厂（7家）、火柴厂和丝厂，但数量不多。华资工厂以纺织业居多，但发展程度较低。在1937年以前，四川近代资本总额仅是江苏省的1/4左右，工业资产等规模总体上比较小。进入全面抗日战争时期后，随着大量工业的内迁，至1940年，迁至重庆的工厂有200多家，聚集了大后方军工、冶金、化工、纺织、机械等行业的精华[12]。重庆地区是四川和国统区最大工业中心所在地，化学工业、电力工业和冶炼工业有了长足发展，并奠定了1949年以后重庆城市工业的基本结构。所以，重庆重工业发展起步晚，是在特殊历史背景下形成的，而且钢铁、水泥等企业的机器设备多由黄石、武汉等地拆迁而来，所以工业遗产的历史厚度也不及黄石。

与黄石发展有较多相似之处的城市有鞍山、唐山、萍乡，皆是因工矿业发展形成的新城市，虽然发展背景相似，但在产业性质和产业结构上仍有较大差异。

鞍山原属于辽宁台安县境的农村，铁矿蕴藏丰富。1904年日俄战争后日本取得沙俄的一切特权，鞍山因属于"铁路附属地"，被日方控制。1916年"满铁"取得鞍山铁矿的开采权，成立振兴铁矿有限公司。振兴铁矿名义上是中日合资，实际上满铁以550万日元贷款取得了开采矿石的优先承购权。1918年满铁设立鞍山制铁所并接管了振兴公司的所有权益，至此该公司完全成为日本的独资公司。1931年前，日本在东北的工业投资以"满铁"为中心而展开，满铁于1918年、1919年两个年度在鞍山制铁所共投资3769万余日元。到1927年时生铁产量已突破20万余吨，1930年产量更达到29万吨左右[13]。可见，东北地区以鞍山为代表的工矿业城市的工业并非民族工业。其民族工业的历程在1949年以后才得以展现。

唐山因晚清李鸿章开办开平煤矿而发展起来，在早期工业行业中以近代煤矿、铁路交通和水泥制造名闻一时，成为在洋务运动中北方兴起的重要新兴工业城市，产业结构也与黄石比较近似。唐山开平煤矿自1877年开始筹建，1882年唐胥铁路落成，大规模使用机械动力进行开采，并用铁路运输煤炭。受到煤炭工业和交通的推动，唐山兴办了一批近代工业，如开滦矿务局（1912年开平煤矿公司与滦州煤矿公司合并成立）、启新洋灰公司（1906年）、华记发电厂（1910年）、华新纱厂分厂（1912年）等。1939年有42家近代企业，是以重工业为主的城市[14]。

但是唐山的煤矿工业不久被英国吞并，民族工业性质改变，唐山钢铁工业兴起较晚也是日本于19世纪20年代建立的，所以唐山虽然具有近代的煤炭钢铁工业，但已经属于外国经营的工业。剩下的民族工业是当地发展较早的启新水泥公司，其龙头地位也被位于黄石的湖北水泥厂所取代。所以唐山的早期工业化历史呈现了中国民族重工业软弱、夭折的困顿现实。

萍乡也是在洋务运动推动下兴起的华中地区的重要工矿城市。1898年萍乡安源煤矿由民族资本家兴建，是当时江西唯一一家资本万元以上的近代工业企业。江西省的第一家发电厂也是萍乡煤矿电厂，1904年安装了两台蒸汽发电机组。除了煤炭、电气工业外，萍乡在清末民初还出现了一家机器制瓷厂。虽然在汉冶萍公司时期，萍乡的近代煤矿成绩斐然，但其工业生产结构单一，在工业遗产文化内涵上不及黄石丰富。进入民国以后，江西经历了一系列的战乱，民生凋敝，煤矿工业步履维艰。

以上所述城市基本上代表了近代以来由于新兴工业而发展起来的各种城市类型，通过比较更能清晰地了解黄石城市及其工业发展的独特性和重要性。

二、黄石近代以来的工业发展是中国工业化的缩影，其工业遗产具有典型价值

目前，政府和学术界关于黄石近代工业发展的特点，概括起来包括四个方面：起步早，门类多，规模大、地位高，持续时间长、影响深远。

1）起步早。汉阳铁厂的建立带动了黄石近代铁矿开采、近代铁路运输的兴起，大冶铁矿一举成为东亚和中国钢铁工业发展的先驱。大冶铁矿（1890年）是中国最早的近代化机器生产的大型露天铁矿，自铁山抵达石灰窑江边的铁矿运道是中国大陆黄河以南地区最早的铁路（1890年）。晚清时期，稍晚于大冶铁矿，黄石兴起了近代第一批

的煤炭工业，如富华（1916年）、富源（1909年）、利华（1924年）等煤矿，中国第二家商办水泥工业（1908年）。

2）门类多。黄石铁山至石灰窑一带，地理上沿江、靠山、濒湖，空间狭小，但自晚清发展到1949年，这一地区集中了铁矿开采、钢铁冶炼、煤炭、水泥制造、电力诸多门类的企业，并具有完备的铁路、索道、码头装卸等现代化的运输系统。

3）规模大、地位高。黄石地区的近代工业在资金、设备规模、从业人数等方面，具有很大规模。汉冶萍公司在黄石拥有两家企业、大冶铁矿和大冶铁厂。汉冶萍公司曾是亚洲最大的煤铁联合企业，而1945年建设的大冶水泥厂也是中国最大的水泥厂，大冶铁厂和大冶水泥厂在初建时期，所采用的设备均是世界上最先进的生产设备。黄石的煤炭企业煤炭生产量居于中国煤炭企业的前二十名内，被销往长江沿线大中城市。由于采用蒸汽机和电力作为生产动力，黄石诸多企业，如大冶铁厂、富华煤矿等都有自己的发电设备，早在1942年国民政府的战后电力发展计划中，拟以大冶为中心，建设上至襄樊、武汉，下至九江、赣南的电力网。这一计划于1945年开始在黄石江边实施。至1949年前，黄石地区是华中地区电气程度最高的城市，新中国成立初期，武汉城市和工业发展尚需从黄石输出电力。

此外，黄石的现代交通系统也非常发达，除了大冶运道外，1919年湖北官矿署修建了从象鼻山至沈家营码头的专用运矿铁路。据民国时期档案，在沈家营码头至石灰窑沿江一带也存在铁路，因此在1938年日军占领之前，黄石环磁湖及沿江堤几乎形成了闭合状的铁路交通网。富华煤矿运矿采用了轻便轨道，而利华煤矿则于1934年从德国引进设备修建了翻越黄荆山的中国第一条高空运煤索道。铁路不仅连接厂矿，而且连接码头，民国时期，黄石码头的装卸设施也非常现代化。

4）持续时间长、影响深远。黄石近代工业不仅起步早，而且不断持续壮大，1949年以后更以崭新的面貌为中国的工业强国贡献自己的力量，近代孕育发展而来的诸多门类的工业企业构成了黄石后来工业强市的雄厚基础，并构成了城市的空间格局，塑造了自身开放、包容、文明的城市文化品格。如今黄石至少有四家企业已经具有百年历史，百年矿山、百年华新、百年冶钢、百年煤业、百年运道，充分说明了近代工业影响的深远。

黄石近代工业兴起于洋务运动，当时中国在与欧洲国家的交往中开始反思并学习西方先进技术，希望通过兴办新式工业"自强求富"，所以在政府的推动下，黄石近代工业一开始就与国家民族的命运休戚相关。如张之洞、盛宣怀为创办汉阳铁厂，勘探大冶铁矿，推动王三石煤矿的建设，引进外国技术、设备开发铁矿和修建铁路，包括黄石水泥工业的产生也与张之洞有关。尽管自1917年后汉冶萍公司逐渐陷入日债旋涡，但大冶铁矿和大冶铁厂的企业高层仍怀抱着建立钢铁强国的理想在坎坷中奋力前行，企业的管理、决策权仍由民族实业家所主导。黄石的水泥、煤铁无一不为中国民族资本家苦心经营。

抗日战争爆发后，黄石众多企业奉令拆除西迁，为后来我国西部的工业发展起到了重要推动作用。日本投降后，大冶铁矿、大冶新厂被国民政府资源委员会接收，成为国家资产，国民政府准备在长江以南以黄石为中心建立新的钢铁工业基地——华中钢铁公司，同时引进美国先进生产设备的大冶水泥厂落户黄石，在沦陷时期并未中断的煤矿工业和电力工业使得黄石民族重工业的崛起之路再次启航。新中国成立后不久，便进入了大规模的计划经济下的社会主义工业建设时期，黄石成为湖北省内仅次于武汉的重工业城市。

黄石近代工业起步早、持续时间长、影响深远，说明黄石经历了中国完整的早期工业化阶段。这座沿江小城的钢铁、铁矿、煤炭、水泥、铁路交通都有百年以上的历史，而且黄石重工业除了在沦陷于日本的八年之外，百余年的工业主导者是民族资本家和中国政府，这与其他沿海殖民地色彩浓厚的城市相比，是黄石的工业和城市非常独特的地方。

从洋务运动算起至今，中国的工业化历程经历了150年左右，相比西欧英国、法国等资本主义国家，机器大生产的工业化时期并不算长，西欧的工业化自18世纪中期至今已有250年之久。但是中国的工业在经历艰难曲折后，用较短的时间取得了成功，所以中国工业发展的模式和道路在世界工业文明史上具有独特地位。如今，随着信息时代的快速发展，人类文明进入了更高的工业文明时代，甚至有学者认为发达国家已经进入后工业时代，但蒸汽时代和电气时代，仍是很多地区和国家必经的早期工业化阶段，如果没有早期工业化时代，中国人难以实现国家独立和民族解放。所以，对于看似短暂的中国近代工业发展的历史和文化积淀，我们必须尊重。

三、结语

黄石的近代工业不仅经历了完整的中国工业化历程，而且非常典型地表达了中国道路和中国模式的历史含义。中共十九大确立了习近平新时代中国特色社会主义思想，其中在经济领域仍强调坚持公有经济为主体不动摇的思想。从历史的角度来看，公有经济就是民族经济的主要构成形式，中国自近代以来探索、发展出来的适应本国国情的就是这样一条工业化道路。黄石工业企业的历史充分证明了这一点，张之洞兴办洋务运动中创办的一系列企业多具有清政府所有的公有性质，1945年后的华中钢铁公司也属于国有企业，1949年至今与中华人民共和国相伴随至今的黄石重工业也基本上属于公有制企业。中国正走在世界现代化强国的康庄大道上，中国模式和中国道路被证明符合中国传统和国情，这条中国道路是中华民族在面对世界文明潮流的激烈冲击下，自强不息，奋勇敢为，前赴后继用一代又一代的智慧和热血创造出来的。这种文化精神和气质也鲜明地体现在黄石的工业和城市文化中。黄石的历史和工业遗产能够充分表达具有中国特色的工业历史文化。所以这座城市和他所依托的众多工业企业的背后是激昂、悲壮的民族精神，百余年来，在这里始终上演着实业强国，科技强国的正剧。这是黄石工业遗产的文化内涵，也汇聚为这座城市鲜明的城市文化精神。

黄石工业就是中国完整的工业化道路实践、创造的典型城市，独特、厚重的历史所积淀下来的文化资源使这座城市焕发出更加昂扬的文化自信。所以，黄石的工业遗产所呈现出来的文化价值、文化精神不仅属于中华民族，也是人类工业文明史遗留下来的重要财富。大冶新厂（今新冶钢公司）、大冶铁矿运道、湖北水泥厂旧址和大冶水泥厂（华新水泥厂）、源华煤矿仍有大量建筑、工业设施的遗存保留于黄石市区，历史深厚、民族性鲜明是这些工业遗产的重要文化内涵和共性，应当在保护和旅游开发中予以尊重和体现。

注　　释

［1］ 曹洪涛、刘金声：《中国近现代的城市发展》，中国城市出版社，1998年，第84、85页。

［2］ 吴松弟：《中国近代经济地理（第一卷）》，华东师范大学出版社，2015年，第255页。

［3］ 徐雪筠等译编，张仲礼校订：《上海近代社会经济发展概况（1882—1931）——〈海关十年报告〉译编》，上海社会科学院出版社，1985年，第158页。

［4］ 戴鞍钢：《中国近代经济地理（第二卷）》，华东师范大学出版社，2015年，第115页。

［5］ 严中平等：《中国近代经济史统计资料选辑》，科学出版社，1955年。

［6］ 罗澍伟：《近代天津城市史》，中国社会科学院出版社，1993年，第433～435页。

［7］ 方书生：《中国近代经济地理（第五卷）》，华东师范大学出版社，2016年，第232页。

［8］ 曹洪涛、刘金声：《中国近现代的城市发展》，中国城市出版社，1998年，第111页。

［9］ 汤国良：《广州工业四十年》，广州人民出版社，1989年，第4页。

［10］ 胶济铁路管理局车务处：《胶济铁路沿线经济调查报告分编》，胶济铁路管理局，1934年，第59页。

［11］ 张学君、张莉红：《四川近代工业史》，四川人民出版社，1990年，第297页。

［12］ 曹洪涛、刘金声：《中国近现代的城市发展》，中国城市出版社，1998年，第165页。

［13］ 中国第二历史档案馆等编：《最近十年各埠海关报告（1922—1931）·安东·贸易》，《中国旧海关史料（1859—1948）》，第157册，京华出版社，2022年，第389页。

［14］ 徐性纯：《河北城市发展史》，河北教育出版社，1991年，第109页。

附录1　黄石市工业遗产保护条例

第一章　总　　则

第一条　为了加强对工业遗产的保护，传承工业文明，弘扬历史文化，根据有关法律、法规，结合本市实际，制定本条例。

第二条　本市行政区域内工业遗产的普查、认定、保护和利用，适用本条例。

对已认定为文物的工业遗产的保护，文物保护法律法规另有规定的，按有关规定执行。

第三条　本条例所称工业遗产，是指具有历史、科技、文化、艺术、社会等价值的工业文化遗存。

工业遗产包括物质工业遗产和非物质工业遗产。物质工业遗产包括厂房、矿场、作坊、仓库、办公用房、码头桥梁道路等运输基础设施、居住教育休闲等附属生活服务设施以及其他构筑物等不可移动的物质工业遗存，还包括机器设备、生产工具、工业产品、办公用品、生活用品、历史档案、商标徽章以及文献、手稿、影音资料、图书资料等可移动的物质工业遗存。非物质工业遗产包括生产工艺流程、手工技能、原料配方、商号、经营管理、企业文化等工业文化形态。

第四条　工业遗产的保护应当遵循科学规划、分类管理、有效保护、合理利用的原则。

第五条　各级人民政府领导本行政区域内的工业遗产保护工作。

各级文物行政主管部门对本行政区域内的工业遗产保护实施监督管理。

发展和改革、经济和信息化、国有资产监督管理、规划、科学技术、财政、城乡建设、国土资源、环境保护、公安、交通运输、城市管理、旅游、人民防空、房地产管理、工商行政管理、统计、档案管理等相关部门，在各自职责范围内，负责有关的工业遗产保护工作。

工业遗产所在地的村（居）民委员会应当协助有关部门做好工业遗产的保护工作。

第六条　市、县（市）文物行政主管部门应当会同规划行政主管部门组织编制工业遗产保护专项规划，报本级人民政府批准。县（市）工业遗产保护专项规划应当报市文物行政主管部门备案。

工业遗产保护专项规划应当纳入本级国民经济和社会发展规划、城市总体规划。

第七条　市、县（市、区）人民政府应当将工业遗产保护经费列入本级财政预算，保证日常管理和专项保护工作的需要。

国有工业遗产保护单位的事业性收入应当专门用于工业遗产保护，任何单位和个人不得侵占、挪用。

鼓励社会公众捐助本市工业遗产保护事业。其中，捐助资金应当接受财政、审计部门和捐助人的监督。

第八条　各级人民政府及其有关部门应当加强工业遗产保护的宣传教育，提高社会公众对工业遗产价值的认知以及欣赏水平，增强全社会保护工业遗产的自觉性。

鼓励单位和个人参与工业遗产保护，依法对破坏或者危害工业遗产的行为进行劝阻、检举或者控告。

对有突出贡献的单位或者个人，由市、县（市、区）人民政府给予表彰。

第二章　普查与认定

第九条　市人民政府设立工业遗产保护专家委员会（以下简称专家委员会）。专家委员会由文物、工业、历史、文化、科技、规划、建筑、旅游和法律等方面的专业人士组成，为市、县（市、区）人民政府普查和认定工业遗产等有关事项提供咨询意见。

第十条　市文物行政主管部门负责制订工业遗产普查和认定的具体办法，并组织实施。

第十一条　工业遗产的普查应当定期开展，由县（市、区）人民政府明确相关机构具体负责。

普查机构及其工作人员应当通过文字、图画、照片、影像等形式，对工业遗产的外观特征、遗址保存状况和工艺流程等情况进行登记、建档，并妥善保存普查资料。对普查中涉及的国家秘密、商业秘密或者个人隐私，应当履行保密义务。

任何单位和个人不得虚报、迟报、瞒报、拒报、伪造、篡改普查资料。

第十二条　文物行政主管部门会同相关部门，根据工业遗产普查的结果，进行保护价值与类别的评估。

第十三条　工业遗存所有权人、使用人以及其他单位和个人，可以向文物行政主管部门申报或者推荐工业遗产。

第十四条　文物行政主管部门应当会同相关部门在评估、申报或者推荐的基础上，提出工业遗产建议名录，征求所有权人、使用人以及社会公众意见后，经专家委员会评审，报本级人民政府批准公布。

对已认定为文物的工业遗存，可以按照前款规定，认定为工业遗产。

第十五条　符合下列条件之一的工业遗存，可以依法认定为工业遗产：

（一）在一定时期内具有稀缺性，在全国或者本省具有较大影响力的；

（二）同一时期在全国或者本省同行业内具有代表性或者先进性，商标、商号全国著名的；

（三）设施设备先进、代表性建筑本体尚存、建筑格局完整或者建筑技术领先，并具有时代特征和工业风貌特色的；

（四）与重要历史进程、历史事件、历史人物有关或者承载民族认同、地域归属感，具有明显集体记忆和情感联系的；

（五）反映本地采掘、冶炼、加工、制造等工业发展历史，对本地经济社会发展产生过重要推动作用的；

（六）与本地著名工商实业家群体有关的工业企业、名人故居以及公益建筑等；

（七）其他具有较高价值的。

第十六条　对于不可移动的工业遗产，根据它们的历史、科技、文化、艺术、社会等价值，可以分别由市、县（市、区）人民政府确定为市级工业遗产保护单位、县级工业遗产保护单位。

对于工业遗产集中成片、工业风貌保存完整、能反映出某一历史时期或者某种产业类型的典型风貌特色、有较高历史价值的区域，可以由市人民政府列为工业遗产保护区，进行整体保护与利用。

第三章　保护与利用

第十七条　工业遗产的所有权人或者使用人为工业遗产的保护责任人，按照谁使用、谁负责、谁保护、谁受益的原则，负责工业遗产的检测评估、防护加固、持续监测、修缮整治、安全防卫等日常维护管理工作。

市、县（市、区）文物行政主管部门应当向社会公示工业遗产保护责任人，并定期对工业遗产的保护情况进行检查评估。

第十八条　对价值较高的工业遗产，文物行政主管部门可以与保护责任人签订工业遗产保护协议，约定工业遗产保护责任和享受补助等事项。

工业遗产保护责任人不具备相应能力的，可以委托文物行政主管部门维护管理。

第十九条　工业遗产保护单位、工业遗产保护区自核定公布之日起一年内，由相应的人民政府划定保护范围和建设控制地带，设立标识、界桩等保护设施，并保持其完好。

对前款规定以外的其他工业遗产，所在地县（市、区）文物行政主管部门应当指导工业遗产保护责任人做好分类、登记、修复和保管等工作。

第二十条 禁止下列破坏或者危害工业遗产的行为：

（一）盗窃、哄抢、私分或者擅自迁移、拆除工业遗产；

（二）在工业遗产或者保护设施上涂污、刻划、张贴、攀登；

（三）存放易燃、易爆、放射性、腐蚀性等危害工业遗产安全的物品；

（四）擅自移动、拆除、损坏保护标识、界桩和其他工业遗产保护设施；

（五）违规倾倒、堆放垃圾或者排放污水；

（六）违规采矿、采砂、采石、取土、打井、挖建沟渠池塘、深翻土地等改变地形地貌的行为；

（七）擅自进入未开放区域；

（八）在禁止拍摄的区域或者对禁止拍照的工业遗产进行拍摄、拍照；

（九）其他有损于工业遗产保护的行为。

第二十一条 工业遗产保护单位保护范围内不得实施与保护工作无关的建设工程或者爆破、钻探、挖掘等作业，不得葬坟、修墓或者立碑。

因特殊情况需要进行建设工程或者爆破、钻探、挖掘等作业的，应当保证工业遗产保护单位的安全，并经核定公布该工业遗产保护单位的人民政府批准。其中，县（市、区）人民政府公布的工业遗产保护单位，在批准前应当征得市文物行政主管部门同意。

第二十二条 在工业遗产保护单位保护范围和建设控制地带内从事旅游或者其他生产经营活动，或者在建设控制地带内实施建设工程，应当符合工业遗产保护专项规划，不得危害工业遗产安全、破坏历史风貌和环境风貌。

实施建设工程的设计方案应当经文物行政主管部门同意后，报规划行政主管部门批准。

尚在进行生产经营活动的工业遗产保护单位，在妥善保护的前提下，可以继续进行相关生产经营活动。

第二十三条 对危害工业遗产保护单位安全、破坏工业遗产保护单位历史风貌和环境风貌的建筑物、构筑物，所在地人民政府应当及时调查处理，必要时，由市、县（市、区）人民政府依法对该建筑物、构筑物予以征收、拆除。

第二十四条 工业遗产的修缮应当符合工业遗产保护要求，并提前征求文物行政主管部门的意见。修缮时，文物行政主管部门应当给予指导，保护责任人应当建立修缮档案。

第二十五条 鼓励工业遗产在妥善保护的前提下，与文化创意产业、博览科学教育、旅游生态环境等相结合，建设创意产业园、主题博物馆、主题文化广场、遗址公园等，促进工业遗产的集中展示和合理利用。

第二十六条 鼓励工业遗产保护责任人将工业遗产向公众开放。国有工业遗产、接受政府补助的非国有工业遗产应当适度开放，供公众参观。

鼓励民间依法收藏工业遗产。价值较高的可移动工业遗产，可以由博物馆、图书馆、科技馆和档案馆等予以征集收藏、陈列展示。

第二十七条　鼓励开展工业遗产的学术研究和交流，挖掘工业遗产价值，推动工业遗产再利用。

第四章　法　律　责　任

第二十八条　对违反本条例的行为，法律法规有规定的，从其规定。

第二十九条　违反本条例第七条第二款规定，改变国有工业遗产保护单位事业性收入用途的，对直接负责的主管人员和其他直接责任人员依法给予行政处分。

第三十条　违反本条例第十一条第二款、第三款规定的，由文物行政主管部门责令改正或者采取其他补救措施；属于国家机关工作人员的，对直接负责的主管人员和其他直接责任人员依法给予行政处分。

企业事业单位或者其他组织违反本条例第十一条第三款规定的，文物行政主管部门可以对其并处1万元以下的罚款；情节严重的，并处1万元以上5万元以下的罚款。

第三十一条　违反本条例第二十条规定的，由文物行政主管部门或者公安机关给予警告，并责令停止违法行为、限期恢复原状或者采取其他补救措施；有违法所得的，没收违法所得；造成损失的，依法承担赔偿责任；逾期不恢复原状或者不采取其他补救措施的，文物行政主管部门可以指定有能力的单位代为恢复原状或者采取其他补救措施，所需费用由违法者承担。

其中，违反第一项、第三项、第五项、第六项、第九项规定，情节较轻的，对单位并处2000元以上1万元以下的罚款，对个人并处200元以下的罚款；情节较重的，对单位并处1万元以上5万元以下的罚款，对个人并处200元以上1000元以下的罚款；造成严重后果的，对单位并处5万元以上20万元以下的罚款，对个人并处1000元以上5000元以下的罚款。

违反第二项、第四项、第七项、第八项规定的，可以并处200元以下的罚款；情节较重的，并处200元以上500元以下的罚款。

第三十二条　违反本条例第二十一条第一款、第二十二条第一款规定的，由文物行政主管部门或者公安机关责令停止违法行为，限期恢复原状或者采取其他补救措施；有违法所得的，没收违法所得；造成损失的，依法承担赔偿责任；造成严重后果的，并处5万元以上20万元以下的罚款。

第三十三条　违反本条例第二十一条第二款、第二十二条第二款、第二十四条规定的，由相应的文物行政主管部门责令限期改正。

第三十四条　工业遗产保护责任人无正当理由拒不依法履行日常维护管理义务，由文物行政主管部门责令改正，拒不改正的，由文物行政主管部门代为维护管理，所需费用由保护责任人承担。

第三十五条　各级人民政府及其工作人员不履行工业遗产保护职责，对直接负责的主管人员和其他直接责任人员依法给予行政处分。

第三十六条　文物行政主管部门及其工作人员，有下列行为之一的，对直接负责的主管人员和其他直接责任人员依法给予行政处分；构成犯罪的，依法追究刑事责任：

（一）不履行职责或者发现违法行为不予查处，造成严重后果的；

（二）擅自借用或者非法侵占国有工业遗产的；

（三）因不负责任造成工业遗产损毁或者流失的；

（四）贪污、挪用工业遗产保护经费的。

第三十七条　公安机关、工商行政管理部门、城乡建设、规划和其他国家机关及其工作人员，违反本条例规定滥用职权、玩忽职守、徇私舞弊，造成工业遗产损毁或者流失的，对直接负责的主管人员和其他直接责任人员依法给予行政处分；构成犯罪的，依法追究刑事责任。

第三十八条　人民法院、人民检察院、公安机关和工商行政管理部门等对依法没收的工业遗产，应当登记造册，妥善保管。结案后，应当在三个月内无偿移交文物行政主管部门。

第五章　附　　则

第三十九条　本条例自2017年1月1日起施行。

附录2　黄石市主要工业遗产简介

　　黄石工业遗产为系列遗产，由铜绿山古铜矿遗址、汉冶萍煤铁厂矿旧址、大冶铁矿东露天采场旧址和华新水泥厂旧址组成，它们共同构成了一个以矿产开采、冶炼、制造、加工为核心的矿冶遗址群，代表了中国古代青铜时期和中国近现代工业化开端时期矿冶工业生产技术的最高水平，是我国目前仅有的保存完整、延续时间长、遗产门类齐全的工业遗产聚集地，保存的古代矿冶遗址、近现代工业旧址具有较好的真实性和完整性，体现了我国古代和近现代矿冶文化的发展历程，在全国具有高度的代表性、唯一性、标本性。

　　2011年，湖北省政府批准设立了全国唯一的工业遗产保护片区——"湖北黄石工业遗产片区"，将黄石列为湖北省工业遗产调查的重点区域，大力支持黄石工业遗产片区建设工作。黄石市委、市政府成立了以市长为组长的"黄石工业遗产片区保护及申报世界文化遗产工作领导小组"，并把工业遗产保护利用纳入城市转型发展战略，统筹推进黄石工业遗产保护，将黄石厚重的工业文明打造成为城市名片，努力把黄石建设成为中国最美工业城市。

　　2012年11月，黄石矿冶工业遗产被列入《中国世界文化遗产预备名单》，这是我国首次将工业遗产列入《中国世界文化遗产预备名单》，也是中国唯一列入《中国世界文化遗产预备名单》的工业遗产。

　　2013年，铜绿山古铜矿遗址被列入"十二五"时期全国150处重要大遗址之一；2016年5月，铜绿山四方塘遗址入选"2015年度中国十大考古新发现"；2016年8月，铜绿山古铜矿遗址获评"持续开采时间最长的古铜矿"吉尼斯纪录。2016年9月，华新水泥厂旧址入选"首届中国20世纪建筑遗产项目"。

1. 铜绿山古铜矿遗址（商、西周、春秋战国至西汉）

中国古代铜矿的重要开采地，在南北长约2千米、东西宽约1千米的古矿区范围内，保留有西周至汉代不同结构、不同支护技术的数百口竖井、斜井、盲井和百余条大小平巷等采矿遗迹，以及8座春秋时期的炼铜竖炉。遗址范围地表覆盖有厚数米、重约40万吨的古代铜炼渣，出土铜斧、铜锛、铁斧、铁锤、铁锄、木铲、木槌、木辘轳、船形木斗等生产工具及陶、木质生活用具1000余件。铜绿山古铜矿遗址代表了中国商周时期青铜采冶技术的最高水平，展现了中国文明起源多元化的过程，见证了中国青铜文明的出现。铜绿山古铜矿遗址被评为"中国20世纪100项重大考古发现"，1982年被国务院公布为第二批全国重点文物保护单位（图一～图三）。

图一　铜绿山古铜矿遗址航拍

图二　铜绿山古铜矿遗址博物馆全景

图三　铜绿山古铜矿遗址博物馆内采矿遗址

2. 汉冶萍煤铁厂矿旧址（1890年）

中国最早的、规模最大的钢铁煤联合企业所在地。清光绪十六年（1890年），为修建芦汉铁路，湖广总督张之洞创建汉阳铁厂，光绪三十四年（1908年），在汉阳铁厂、大冶铁矿、萍乡煤矿的基础上，成立了汉冶萍煤铁厂矿有限公司（简称汉冶萍公司），它集勘探、冶炼、销售于一身，是中国历史上第一家用新式机械设备进行大规模生产的、规模最大的钢铁煤联合企业。现完整保留的有高炉栈桥，冶铁高炉，日、欧式建筑等遗存（图四～图六）。其中冶铁高炉始建于1921年，是我国现存最早的钢铁冶炼炼炉，是当时的"亚洲第一高炉"，填补了我国近代早期钢铁工业文物保护中的空白，具有典型性、唯一性和不可替代性。2006年，被国务院公布为第六批全国重点文物保护单位。

图四　欧式建筑

图五　日式建筑

图六　冶铁高炉

3. 大冶铁矿东露天采场旧址（1890年）

大冶铁矿的主要采场。由象鼻山、狮子山、尖山三个矿体组成，整个采场东西长2400米，南北宽900米，上下落差444米，坑口面积达108万平方米，是世界第一高陡边坡，亚洲最大人工采坑。大冶铁矿于19世纪90年代建矿，是中国近代史上第一座采用机械化开采的大型露天矿山（图七～图九）。2006年，经国家矿山公园评审委员会评审，确认为黄石国家矿山公园，被国家旅游局评为AAAA级景区。2014年，被湖北省人民政府公布为第六批省级文物保护单位。

图七　大冶铁矿东露天采场旧址航拍

图八　矿山生产运输设备

图九　矿山生产运输设备

4. 华新水泥厂旧址（1946年）

我国现存时代较早、保存规模最大、最完整的水泥工业遗存，填补了我国近代水泥工业遗产保护的空白。

现存创建时期烟囱、办公楼、湿法水泥窑、四嘴装包机等建筑和设备。其中，1、2号窑始建于1946年，系从美国爱丽斯公司原装引进的两条大型水泥湿法旋窑和配套设备，这是目前世界上仅有保存完好的湿法水泥旋转窑设备。3号窑于1975年由华新人自己设计建造，1977年正式投产，在中国广泛应用，并出口20多条生产线，被命名为"华新窑"，成为中国水泥工业的里程碑（图一○～图一二）。

华新水泥厂旧址见证了中国水泥工业从萌芽、发展到走向现代的历史进程，是功能建筑与设计的代表作，是中国水泥行业的教科书，当时被誉为"远东第一"。2013年，被国务院公布为第七批全国重点文物保护单位。

图一〇　华新水泥厂旧址航拍

图一一　1、2、3号湿法回转窑

图一二　联合储库

5. 大冶钢厂职工俱乐部旧址（20世纪50年代）

大冶钢厂职工俱乐部旧址位于黄石市西塞山区湖北新冶钢股份公司厂区东北隅，原为文化室，是一处面积约为787平方米的简易平房（后新增坡屋200余平方米，合计1000平方米），并改名为职工文化馆。随着生产的发展和职工人数的增加，并考虑到文化馆在1954年江水上涨时曾被浸淹数月，木架结构损坏严重，1963年改建大冶钢厂职工俱乐部，1964年竣工并投入使用（图一三）。

大冶钢厂职工俱乐部见证了当时的中苏友谊，是在当时中苏友好的历史环境下产生的仿苏式建筑。仿苏式建筑是特殊年代里极其特殊的建筑形态。2015年，被湖北省人民政府公布为第六批省级文物保护单位。2019年，被黄石市人民政府公布为第一批黄石市工业遗产。

图一三　大冶钢厂职工俱乐部旧址

6. 大冶钢厂苏式建筑群

大冶钢厂苏式建筑群位于西塞山区田园社区工人村，1952年5月6日，中央正式决定在黄石地区建立中国第二个钢铁工业基地。1953年3月1日，华钢奉令改称大冶钢厂。国家"一五"计划开始实施后，国家经济发展进入新阶段，大冶钢厂被国家列为重点建设单位，冶钢开始进行大规模扩建，一期扩建工程于1954年6月1日正式动工。大冶钢厂工人村苏式建筑群即是钢厂大规模扩建时期的产物。新中国兴建的第一批钢铁骨干企业，绝大多数是苏联专家设计的，建筑风格也受当时苏式建筑影响。整个建筑群依山就

图一四　大冶钢厂苏式建筑群（20世纪50年代）

势，错落有致，环境特色鲜明，无论是建筑设计还是施工质量，均达到当时较高水准，是中华人民共和国成立初期苏式建筑的典型代表，也是黄石初期厂矿生活区的典型代表（图一四）。

2016年，被黄石市人民政府公布为第三批黄石市文物保护单位。2019年，被黄石市人民政府公布为第一批黄石市工业遗产。

7. 下陆火车站旧址

下陆火车站旧址位于下陆区老下陆街道办事处胜利社区。铁山至石灰窑的运矿铁路于光绪十七年（1891年）三月开工兴建，至第二年七月竣工。铁路起自铁山铺，终至石灰窑江边，全程72华里，设有铁山、盛洪卿、下陆、李家坊、石堡五个车站，其中下陆车站为中心站。

抗日战争爆发后，"日铁"控制大冶厂矿，汉冶萍公司受命拆迁厂矿设施，铁山至石灰窑运矿铁路的拆轨工程于1938年8月中旬完工，共拆轨33.97千米。日军攻陷石灰窑前夕，爆破队炸毁了自铁山至石灰窑运矿铁路的全部桥梁。

1938年底，"日铁"从长江捞起原汉冶萍大冶厂矿于沦陷前夕沉江的钢轨、钢枕，着手恢复从铁山至石灰窑江岸的运道。运道于1939年4月初通车，沿线设有铁山、铜鼓地、下陆、李家坊、龚家巷、石灰窑等车站。日本战败后，运矿铁路回到国民政府手中。

中华人民共和国成立后，下陆车站一直使用到1975年，既是客运站也是货运站。1975年在车站旁边建成新的下陆火车站，老的下陆车站停用至今（图一五）。2019年，被黄石市人民政府公布为第一批黄石市工业遗产。

图一五　下陆火车站旧址（1892年）

8. 华记湖北水泥厂办公楼旧址

华记湖北水泥厂办公楼旧址位于西塞山区八泉街道办事处飞鹅山社区，为一单栋二层楼。1889年，张之洞在石灰窑袁家仓建一平房，1907年被华记水泥厂占用。1949年，源华兴建袁家仓坑，此建筑为袁家仓坑办公地。20世纪60年代，在原址上加建二层辟为保健站。该旧址既属于工业遗产，也是革命旧址。它曾是国民革命军第二十军军部所在地，周恩来与贺龙曾在此会晤，记录了贺龙及所率的北伐军二十军在参加"八一"南昌起义前的活动，在湖北省乃至全国具有较大影响力，为研究中国人民解放军建军史提供了重要历史见证，具有极高的史实价值（图一六）。

2014年，被湖北省人民政府公布为第六批省级文物保护单位。2019年，被黄石市人民政府公布为第一批黄石市工业遗产。

9. 黄石造船厂

黄石造船厂位于黄石港区鄂黄路31号，现存5600平方米框架式船舶检修厂房一

图一六　华记湖北水泥厂办公楼旧址（1907年）

处，该厂房坐西朝东。厂房内有航吊车，四个主航道，船厂周边散落大量当时造船工具。1969年改称黄石市水运公司船舶修造厂，1978年组建黄石造船厂。黄石造船厂源自"文革"前的"民船联社"，"文革"后"民船联社"改组建立水运公司，后又改名为航运公司，其下属有一个50多人的修造厂，其主要任务是为本公司修造木铁驳及拖轮，建造水泥船，取代紧张的木材和昂贵的钢材。

由黄石造船厂自主完成的第一艘1500T甲板驳，填补了黄石造船工业空白，也为黄石造船工业写下了浓墨重彩的一笔。在1500T甲板驳的技术升级改造基础上，黄石造船厂自主完成第一艘540HP拖轮交船，标志着黄石造船厂不仅能造千吨以上驳船，而且能够制造中兴机动拖轮，这对黄石来讲是开天辟地头一回，为黄石造船史填写了新的一页，显示了黄石造船厂有能力建造长江内河航运各类型的运输船舶和各种工程船舶（图一七）。

图一七　黄石造船厂旧址（20世纪50年代）

2016年，被黄石市人民政府公布为第三批黄石市文物保护单位。2019年，被黄石市人民政府公布为第一批黄石市工业遗产。

10. 湖北省拖拉机厂旧址（1958年）

湖北省拖拉机厂位于下陆区。1958年10月28日，阳新军垦局建制撤销。根据湖北省委的批准，军垦局党委书记李震远领导创建湖北省农业机械制造总厂（湖北农机厂）。当时，全厂职工2263人，其中转业军官415人、上海知青232人、新招农村合同工1616人。

1962年，湖北省委决定，湖北煤矿机械厂合并到湖北农机厂。1965年，第一台东方红-20拖拉机（简称东-20）试制成功。这是我国自主设计的拖拉机行业、民族工业的第一品牌。1966年，经湖北省机械工业厅批准，湖北农机厂更名为湖北拖拉机厂，东-20拖拉机开始批量生产。1978年，湖北拖拉机厂统图定型后25型拖拉机试制成功，初名东方红-25，后改为神牛-25型拖拉机（简称神牛-25）。神牛-25获湖北省优秀产品和国家经委颁发的"优秀新产品金龙奖"、国家银质奖，出口欧、亚、美等50多个国家和地区（图一八）。

图一八 湖北省拖拉机厂旧址

2019年，被黄石市人民政府公布为第一批黄石市工业遗产。

11. 湖北水泥机械厂旧址（1959年）

湖北水泥机械厂位于西塞山区水机路。1959年，黄石的水泥工业进入蓬勃发展阶段，水泥厂所需维修配件增多。在原国家建工部水泥局的支持下，决定在华新水泥厂建机修厂。1968年底建成投产。1967年建厂到1973年期间，该厂直接受华新水泥厂领导。1973年从华新水泥厂分立出来，成立了黄石建筑材料机械制造厂，受国家基本建设委员会和湖北省建委的领导。

1979年改名为湖北水泥机械厂。该厂既为水泥工业制造备、配件，也为石膏矿、玻璃、陶瓷、砖瓦等建材行业制造配备件，成为面向全国中、小型水泥厂制造备、配件的企业，直接受国家建筑材料工业总局和湖北省建材局领导。党的隶属方面，受湖北省建委（或湖北省建材局）党组、中共黄石市委领导。1987年就从联邦德国引进了自动包装机，技术在国内领先（图一九）。

2019年，被黄石市人民政府公布为第一批黄石市工业遗产。

12. 黄石纺织机械厂旧址（1966年）

黄石纺织机械厂旧址位于下陆区下陆大道72号，始建于1965年4月，建成于1966年6月。1965年从原湖北矿山机械厂接收厂房，面积有1万多平方米，住房8栋，共

图一九　湖北水泥机械厂旧址

6468.8平方米，总建筑面积约为2万平方米。1966年建造第11栋宿舍，1969年建造铸工车间，1971年建造热处理和电镀车间，1972年建造军工车间。作为黄石工矿企业的重要组成部分，具有非常重要的保存和纪念价值（图二〇）。

2019年，被黄石市人民政府公布为第一批黄石市工业遗产。

图二〇　黄石纺织机械厂旧址

编 后 记

　　经过国内外文化遗产领域尤其是工业遗产领域知名专家的实践探索和辛勤笔耕，《黄石共识——工业遗产的可持续发展之路》如期出版。

　　本书共收录专家学者论文21篇，受邀作者为国内外顶尖的行业权威和领军人物，拥有丰富的理论素养和文化遗产研究经验，论文的精彩论点为黄石工业遗产保护利用抛出了锦囊妙计，也为黄石矿冶工业遗产申报世界文化遗产提供了路径，打开了思路，期盼本书的出版能对其他城市工业遗产保护和利用实践有所裨益。

　　本书在编写过程中得到了许多领导、专家，以及科学出版社的大力支持，在此一并感谢。由于编写时间较短，加之我们的理论和业务水平有限，疏漏之处在所难免，敬请广大读者指正。

编委会

2022年5月8日